GÜNTHER KAPHAMMEL

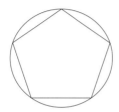

DER GOLDENE SCHNITT

Harmonische Proportionen

1. Auflage, März 2000
1000 Exemplare

Günther Kaphammel, Braunschweig.
ISBN 3-00-005894-X

Die Erstauflage ist handsigniert.

Ein Buch gegen die Maß-Losigkeit in unserer Zeit.

*Wer mit seiner Mutter,
der Natur, sich hält,
findt im Stengelglas
wohl eine Welt.* — Goethe

Harmonie ist die Quelle aller Schöpfung,
die Ursache für ihr Bestehen
und das Verbindende
zwischen Gott und Mensch.

Hazrat Inayat Khan

Inhaltsverzeichnis

Einleitung
Günther Kaphammel .... 7 - 9

1. Kapitel
Die Konstruktion des Goldenen Schnittes .... 11 - 39

2. Kapitel
Der Goldene Schnitt in der Architektur .... 41 - 63

3. Kapitel
Der Goldene Schnitt im Pflanzenreich .... 65 - 87

4. Kapitel
Der Goldene Schnitt im Tierreich .... 89 - 135

5. Kapitel
Der Goldene Schnitt in der Kunst .... 137 - 159

Nachwort
von Pfarrer Joachim Vahrmeyer, Braunschweig .... 161 - 169

Über den Maler Günther Kaphammel .... 171 - 175

Literaturnachweis 177

Danksagung 179

Giclée-Drucke .... 180 - 181

Impressum 183

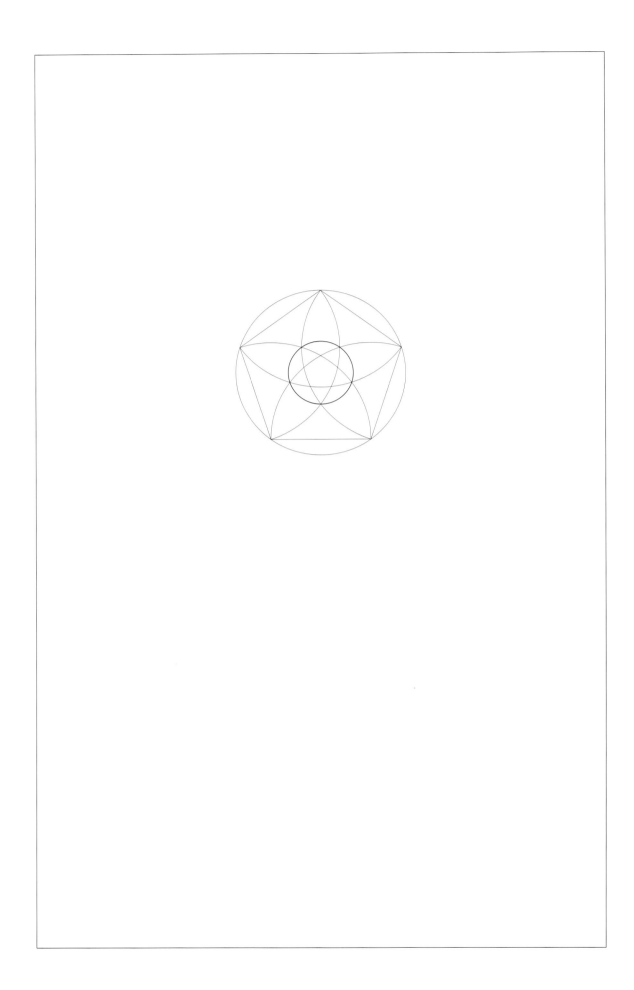

Einführende Worte

GÜNTHER KAPHAMMEL

Einleitung

Meine Liebe zum Malen brachte mich schon immer in eine besondere Beziehung zu Schönheit und Harmonie.

In endlosen Naturstudien versuchte ich dem Wesen des Schönen auf die Spur zu kommen. Immer wieder stieß ich dabei in der Vielfalt der Schöpfung auf gleiche Grundstrukturen und Verhältnismäßigkeiten.

Nach und nach begriff ich den Bezug der Schönheit zu den Proportionen des Goldenen Schnittes. Meine Ehrfurcht vor der Präzision der Natur wurde immer größer je mehr Blüten, Blätter und Tiere in diesen Proportionen erkennbar wurden.

Doch ich war nicht der erste, der der Bedeutung des Goldenen Schnittes nachspürte. Bereits die Griechen bezeichneten ihn als „Göttliche Proportion". Schon 2500 Jahre davor kannten die Ägypter das „Ägyptische Dreieck", dessen Schenkel im 3:4:5-Verhältnis aufgebaut waren und später Grundlage für weitere Erkenntnisse wurden (siehe Seite 41). Pythagoras prägte erstmals im 6. Jh. v. Chr. den Begriff der Harmonie und ihrer Meßbarkeit (harmos = verbinden).

Harmonie ist die wohlgeordnete und angenehme Verbindung von verschiedenen Empfindungen. Die beiden Strecken eines durch den Goldenen Schnitt geteilten Ganzen stehen in einem wohlgefälligen Verhältnis zueinander.

Dieses „göttliche Verhältnis" war grundlegendes Fundament in der griechischen Kunst; die Romanik und später die Renaissance wurden wesentlich davon beeinflußt. Die Abhandlung des Polyklet (ca. 50 v. Chr.) über die Proportionen des menschlichen Körpers ist zwar verlorengegangen, aber erhalten sind die Aufzeichnungen des römischen Gelehrten Vitruvius (ca. 50 v. Chr.), der sich in zehn Büchern mit den Proportionen der Baukunst beschäftigt hat. Darauf aufbauend haben in Italien Leonardo da Vinci und in Deutschland Albrecht Dürer ihre unvergeßlichen Werke geschaffen.

Heute ist das Wissen um den Goldenen Schnitt weitgehend verlorengegangen, tausendjährige Erkenntnisse wurden somit verschüttet.

Doch das Graben danach lohnt sich, diese alten Weisheiten könnten heute der Maß-Losigkeit ein wenig Einhalt gebieten und unser Leben wieder mit dem Universum in Einklang bringen.

Günther Kaphammel

1. Kapitel

Die Konstruktion des
GOLDENEN SCHNITTES

Die Konstruktion des Goldenen Schnittes

Was hat die Menschen dazu veranlaßt, einer geometrisch-mathematischen Formel, der bestimmten Teilung einer Strecke, einer Fläche oder eines Winkels derartig bedeutungsvolle Namen wie „proportio divina" – Göttliches Verhältnis oder „sectio aurea" – Goldener Schnitt zu geben. Das hier vorliegende Buch wird versuchen, die Begeisterung, die unsere Vorfahren für Zahlengeheimnisse und deren Gesetzmäßigkeiten hatten, wieder zu erwecken.

Zum wirklichen Verständnis des gesamten Buches ist jedoch erst einmal das Einarbeiten in gewisse mathematische Grundlagen notwendig. Es sind derer verschiedene aufeinander aufbauende Konstruktionen, die die Eigenschaften des Goldenen Schnittes in sich tragen.

Der griechische Mathematiker Euklid (365–300 v. Chr.) schrieb das erste mathematische Werk („Die Elemente"), in dem der Goldene Schnitt konstruiert wurde. Dieser wird heute üblicherweise so definiert: *Ein Ganzes – im einfachsten Teil eine Strecke – ist asymmetrisch so zu teilen, daß der kleinere Teil, sich zum größeren verhält wie der größere zum Ganzen.* Daß sich hinter dieser mit Recht zunächst sehr abstrakt klingenden Definition ein wesentliches, alles durchdringendes Ordnungsprinzip ebenso verbirgt wie offenbart, wird erst im Verlaufe der folgenden Kapitel deutlicher werden.

Das vielfältige und häufige Vorkommen des Goldenen Schnittes hat zur Folge, daß dieses Buch nur einige ausgewählte Beispiele, stellvertretend für unzählige andere, behandeln kann. Dem Interessierten sei es vorbehalten, mit geschärftem Blick selber auf die Suche nach weiteren Phänomenen unserer Schöpfung zu gehen.

Mit etwas Glück wird ihm jedoch die Erkenntnis zuteil, daß das Phänomen der Göttlichen Proportion alle Lebensbereiche umfaßt. In der Naturwissenschaft, der Kunst, der Philosophie und dem sozialen Miteinander – die Frage nach dem Verhältnis des Teiles zum Ganzen und der übergeordneten Ganzheit zu ihren Teilen stellt sich in kleinen und großen Zusammenhängen immer wieder. Und mit der Frage wächst zeitgleich das Bedürfnis nach einer harmonischen Verhältnismäßigkeit.

Sei AB eine Strecke. Ein Punkt S von AB teilt AB im Goldenen Schnitt, falls sich die größere Teilstrecke zur kleineren so verhält, wie die Gesamtstrecke zum größeren Teil. Teilt man die Länge der kleineren Strecke durch die Länge der größeren, erhält man immer den Wert von 0,618 (siehe auch Seite 14).

Die Fibonacci-Zahlen

Fibonacci, wie Leonardo von Pisa genannt wurde, zeigte uns vor ungefähr 800 Jahren in seiner sogenannten Summenreihe, daß jede Zahl die Summe der zwei vorausgegangenen Zahlen ist.
1, 2, 3, 5, 8, 13, 21, 34, 55, 89, 144, 233, 377, 610, 987, 1597 usw. Jede Zahl dieser Reihe ergibt, wenn man sie durch die folgende teilt, 0,618 und, wenn man sie durch die vorhergehende teilt, 1,618.
Das sind die Verhältniszahlen zwischen den kleineren und größeren Teilen des Goldenen Schnittes. Im Griechischen wird dieses Zahlenverhältnis mit dem Buchstaben phi (Φ) gekennzeichnet.
Diese sogenannten Fibonacci-Zahlen wurden zur wohl bekanntesten Zahlenfolge überhaupt.
In den nachfolgenden Kapiteln werden wir ihr häufiges Auftreten in Mathematik, Kunst und Natur und ihre enge Beziehung zum Goldenen Schnitt näher beleuchten.[5]

Sieben Beispiele der Fibonacci-Summenreihe

$$\frac{34}{55} = \frac{55}{34+55} = 0{,}618$$

$$\frac{55}{89} = \frac{89}{55+89} = 0{,}618$$

$$\frac{89}{144} = \frac{144}{89+144} = 0{,}618$$

$$\frac{144}{233} = \frac{233}{144+233} = 0{,}618$$

$$\frac{233}{377} = \frac{377}{233+377} = 0{,}618$$

$$\frac{377}{610} = \frac{610}{377+610} = 0{,}618$$

$$\frac{610}{987} = \frac{987}{610+987} = 0{,}618$$

1 : 0,618

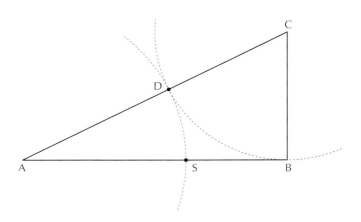

Die Konstruktion der Streckenteilung im Goldenen Schnitt

Eine gegebene Stecke AB sei im Goldenen Schnitt mit Hilfe von Zirkel und Lineal zu teilen. Man halbiere zunächst die Strecke AB in C (symmetrische Teilung) und errichte das Lot mit der so gewonnenen Länge BC in B. Nun verbinde man die Punkte A und C miteinander so, daß ein rechtwinkliges Dreieck entsteht. Man trage mit einem Zirkelschlag um C die Strecke CB ab und erhalte so einen Punkt D. Die Länge AD wird wiederum auf der Strecke AB abgetragen. Der so entstandene Punkt S kennzeichnet nun das Teilungsverhältnis im Goldenen Schnitt.

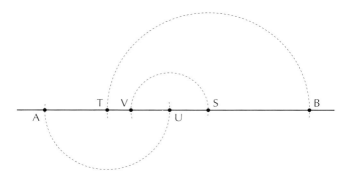

Die Stetige Teilung

Hat man auf der Strecke AB erst einmal den Goldenen Schnitt im Punkt S ermittelt, vollzieht sich einfach die sogenannte Stetige Teilung. Möchte man die Strecke AS wiederum im Goldenen Schnitt teilen, so genügt ein einziger Zirkelschlag um S mit der Länge SB und man erhält den Teilungspunkt T. Dieser Prozeß läßt sich bis in die Unendlichkeit fortführen.

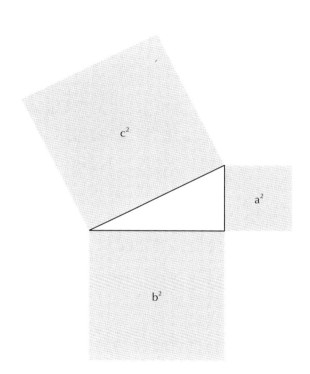

Satz des Pythagoras

Der Satz des Pythagoras lautet: $a^2 + b^2 = c^2$.
Das heißt, daß im rechtwinkligen Dreieck die Summe der Quadrate über den Katheten gleich dem Hypotenusenquadrat ist.
Das rechtwinklige Dreieck, das dieser mathematischen Regel zugrunde liegt, steht im untrennbaren Bezug zum Goldenen Schnitt (siehe auch Seite 16).

Die Konstruktion des Pentagons

Die geometrische Konstruktion des Pentagramms ist nur über den Goldenen Schnitt möglich. Die Konstruktion des Pentagramms aus dem Quadrat im Kreis zeigt die Verwobenheit des Fünfsterns mit verschiedenen geometrischen Grundformen. Der Goldene Schnitt zeigt seine enge Beziehung zum Quadrat und Kreis sowie zur symmetrischen Teilung, die immer mit seiner Konstruktion zusammenhängt.

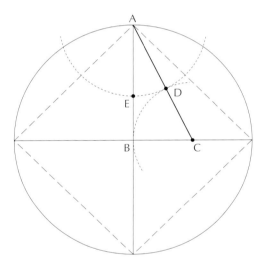

Durch ein Quadrat, das in einem Kreis konstruiert wird, ermittelt man zwei Diagonalen, die in dem Kreis ein rechtwinkliges Kreuz bilden. Der Durchmesser des Kreises wird nun im Punkt B halbiert. Diesen Prozeß wiederholt man mit dem Radius und erhält so den Punkt C. Durch das Verbinden der Punkte ABC erhält man ein rechtwinkliges Dreieck. An diesem Dreieck stellt man wieder (siehe Seite 16) den Goldenen Schnitt im Punkt E fest.
Die Strecke AE und AD ist nun genau die, die den Kreis in zehn gleiche Teile aufteilt.

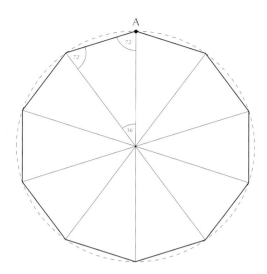

Durch einen Zirkelschlag um A und die weiteren entstehenden Schnittpunkte entsteht ein regelmäßiges Zehneck. Das Zehneck mit seiner vollkommenen radialsymmetrischen Struktur setzt sich aus zehn Goldenen Dreiecken zusammen (siehe auch Seite 21). Schon auf diesem Wege ließe sich mühelos durch das Überspringen jeweils eines Eckpunktes ein Fünfeck konstruieren.

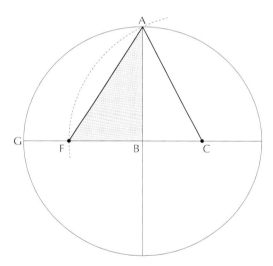

Doch ein anderer Weg zeigt wiederum den Bezug zum Goldenen Schnitt. Mit der Hypotenuse AC des rechtwinkligen Dreieck ABC schlägt man einen Zirkelschlag um C und erhält so den Punkt F, der den Radius des Kreises (hier die Strecke BG) im Goldenen Schnitt teilt. Verbindet man die Punkte ABF, erhält man das sogenannte Eudoxusdreieck, ein rechtwinkliges Goldenes Dreieck. Seine Katheten verhalten sich zueinander im Goldenen Schnitt.

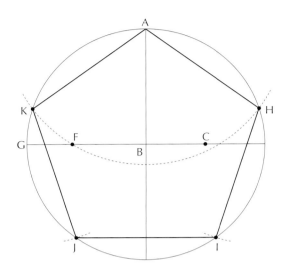

Die Hypotenuse AF des Eudoxusdreiecks ABF läßt sich genau fünfmal auf dem Kreis abtragen. Ein regelmäßiges Fünfeck ist konstruiert.

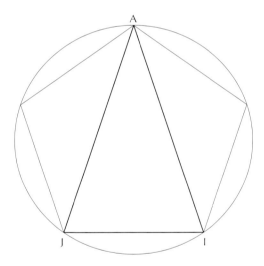

Vom Pentagon zum Pentagramm

Zur Konstruktion des Pentagramms verbindet man nun die gegenüberliegenden Eckpunkte miteinander. Verbindet man zunächst nur AI und AJ miteinander, erhält man drei Goldene Dreiecke. Das mittlere Dreieck AIJ ist dasselbe in vergrößerter Form, das wir schon vom Zehneck her kennen (siehe auch Seite 19).

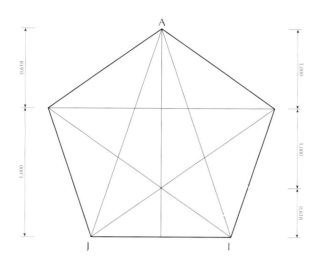

Verbindet man nun auch die anderen gegenüberliegenden Eckpunkte des Pentagons miteinander, ist ein Pentagramm im Fünfeck konstruiert.

Das Goldene Dreieck

Ein Dreieck wird dann als Goldenes Dreieck bezeichnet, wenn es gleichschenklig ist und sich die Länge eines Schenkels zur Länge der Grundseite verhält wie 0,618 : 1, beziehungsweise 1 : 0,618.

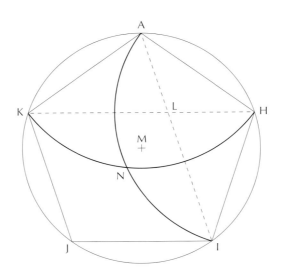

Vom Pentagon zum Blütenstern

Bei der Konstruktion des Pentagramms (siehe Seite 20) werden die gegenüberliegenden Eckpunkte des Pentagons gerade miteinander verbunden. Beim Blütenstern nun verbindet man die gegenüberliegenden Eckpunkte AI durch einen Zirkelschlag um H mit dem Radius HA. Der Schnittpunkt liegt nicht wie beim Pentagramm in L, sondern in einem neuen Punkt N.

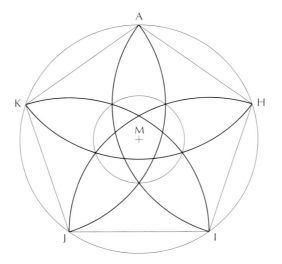

Vollzieht man diesen Prozeß nun auch mit den anderen Eckpunkten, erhält man mit einem Schlag zwei pentagrammartige Blütensterne – einen äußeren und einen inneren. Der Bezug des Pentagramms zur Blütenwelt der Natur wird auf diese Weise besonders deutlich.

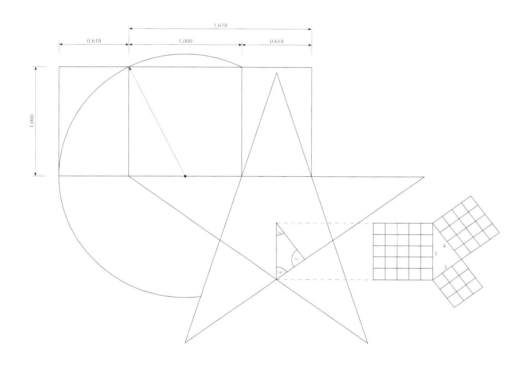

Der Goldene Schnitt im Pentagramm

Die obige Zeichnung verdeutlicht die Verbindung des Pentagramms mit der klassischen Konstruktionsweise des Goldenen Schnittes über das Quadrat im Halbkreis (siehe auch Seite 30) und seine Beziehung zum rechtwinkligen Dreieck und damit zum Satz des Pythagoras (siehe auch Seite 17).[5]

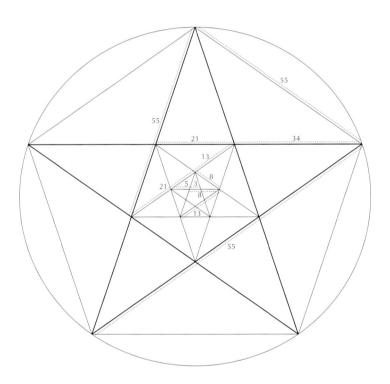

Die Fibonacci-Zahlen im Pentagramm

Nimmt man für die kleinste Strecke im inneren Pentagramm eine Länge von drei Einheiten an, so wird der enge Bezug des Fünfecks zu den Fibonacci-Zahlen deutlich. Jede Strecke dieser „fortgepflanzten" Pentagrammfigur entspricht so einer Zahl aus der Fibonacci-Reihe. Wie die Zahlenreihe selber, könnte man auch die Fünfeckfigur bis in die Unendlichkeit weiterwachsen lassen.[3]

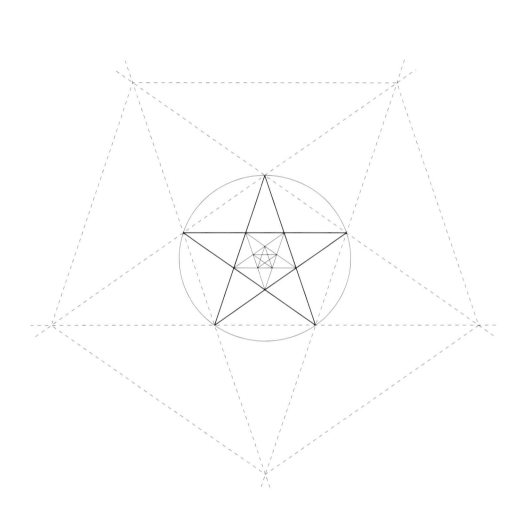

Das Pentagramm und die Stetige Teilung

Der Goldene Schnitt zeichnet sich durch seinen „Fortpflanzungscharakter" aus, der ihm den Namen der Stetigen Teilung verlieh. Am Beispiel des Pentagramms erkennt man, daß sich in einem Fünfeck ein Pentagramm konstruieren läßt. In diesem Pentagram entsteht wieder ein verkleinertes Fünfeck in dem sich wiederum ein Pentagramm konstruieren läßt. Dieser Vorgang ist beliebig oft wiederholbar.[3]

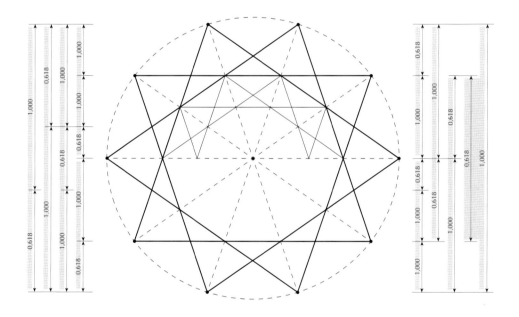

Die Stetige Teilung am Zehneck

Besonders interessant ist die Stetige Teilung beim Sternzehneck.
Immer wieder bringt es neue geometrische Reihen hervor, die sich allesamt im Goldenen Schnitt befinden. Auf diesem Weg entstehen auch immer wieder neue verkleinerte Goldene Dreiecke.[3]

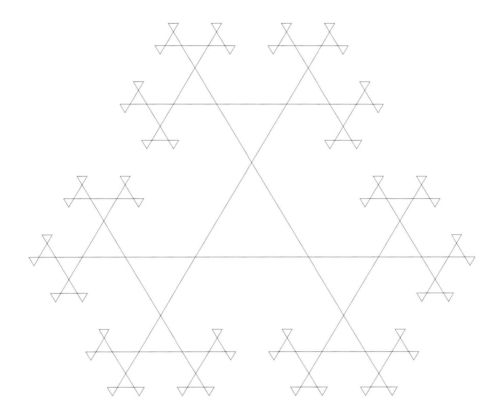

Fraktale

Als Fraktal bezeichnet man eine geometrische Figur, die auf einer einfachen Grundfigur – in diesem Fall einem gleichseitigen Dreieck – basiert. An den Ecken dieser Grundfigur bilden sich wiederum weitere Dreiecke, die um einen bestimmten Faktor verkleinert sind. Wählt man den Faktor der Verkleinerung zu gering, so bleiben die verschiedenen Äste stets weit auseinander. Wählt man den Faktor zu groß, so überschneiden sich die verschiedenen Äste. Verkleinert man die Ausgangsfigur mit dem Faktor 0,618, so nähern sich die beiden Äste immer weiter an, ohne sich jedoch jemals zu berühren.

Das Goldene Rechteck

Ein Rechteck bezeichnet man dann als Goldenes Rechteck, wenn die Seiten sich wie 1 : 0,618 verhalten.

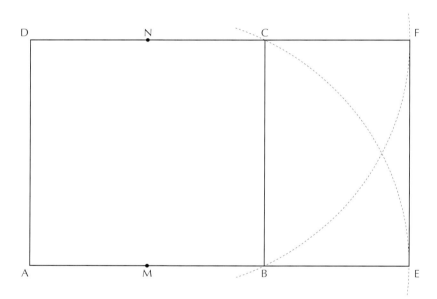

Die Konstruktion des Goldenen Rechtecks

Gegeben sei ein Quadrat ABCD.
Der Mittelpunkt von AB sei M. Mit einem Zirkel schlage man einen Kreis um M mit dem Radius MC. Dieser Kreis schneidet die Verlängerung der Strecke AB in E. Dementsprechend erhält man auf der anderen Seite den Punkt F. Verbindet man nun die Punkte AEFD, erhält man ein Goldenes Rechteck (siehe auch Seite 16).

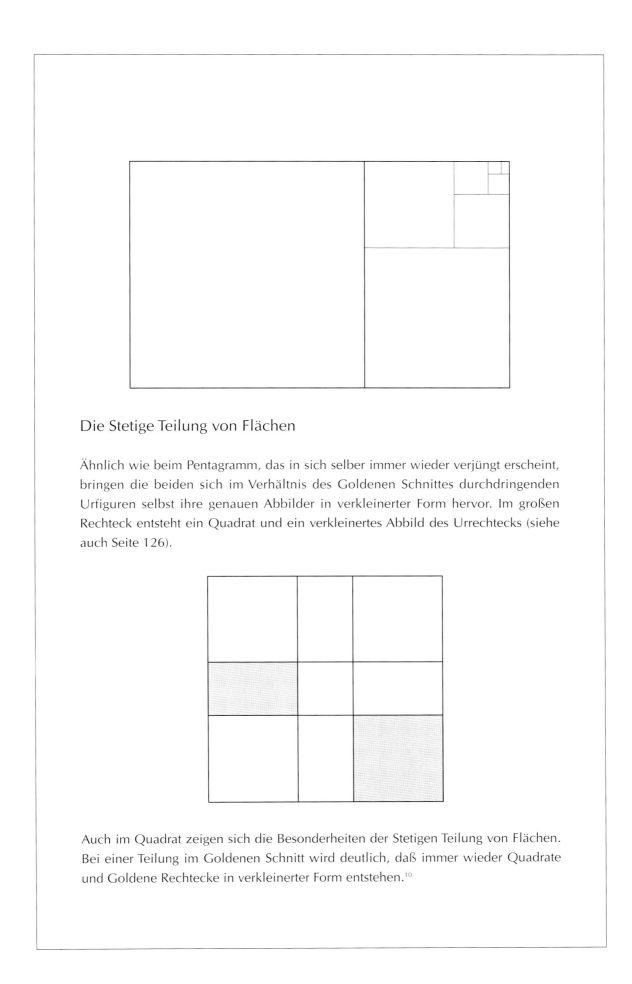

Die Stetige Teilung von Flächen

Ähnlich wie beim Pentagramm, das in sich selber immer wieder verjüngt erscheint, bringen die beiden sich im Verhältnis des Goldenen Schnittes durchdringenden Urfiguren selbst ihre genauen Abbilder in verkleinerter Form hervor. Im großen Rechteck entsteht ein Quadrat und ein verkleinertes Abbild des Urrechtecks (siehe auch Seite 126).

Auch im Quadrat zeigen sich die Besonderheiten der Stetigen Teilung von Flächen. Bei einer Teilung im Goldenen Schnitt wird deutlich, daß immer wieder Quadrate und Goldene Rechtecke in verkleinerter Form entstehen.[10]

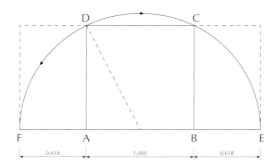

Das Quadrat im Halbkreis

Man zeichne in einem Halbkreis ein größtmögliches Quadrat ein. Der Durchmesser des Kreises wird durch das Quadrat zweimal im Goldenen Schnitt geteilt.
Das Quadrat im Halbkreis ist eine klassische Konstruktion des Goldenen Schnittes.

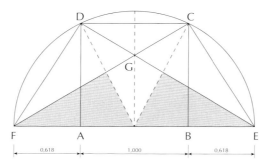

Verbindet man nun die Punkte D und E miteinander, erhält man ein rechtwinkliges Goldenes Dreieck (Eudoxusdreieck). Vollzieht man das gleiche mit den Punkten C und F, erhält man einen Schnittpunkt G. Dieser Schnittpunkt G teilt die Höhe des Halbkreises im Goldenen Schnitt.
In dieser Halbkreiskonstruktion sieht man nun eine Fülle von spitz- und stumpfwinkligen, großen und kleinen Goldenen Dreiecken entstehen.[3]

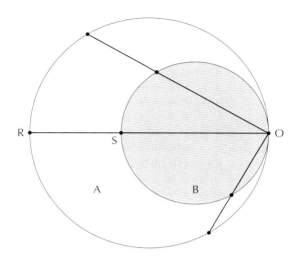

Die Flächenteilung im Kreis

Man zeichne zwei Kreise A und B ineinander, deren Radien sich zueinander verhalten wie 1:0,618. Die Kreise berühren sich in einem Punkt O. Der Durchmesser OR des großen Kreises A wird nun vom Durchmesser des kleinen Kreises OS im Punkt S im Goldenen Schnitt geteilt.
Jede weitere Sehne des Kreises A durch den Punkt O wird von der Kreislinie des kleineren Kreises B im Goldenen Schnitt geteilt.

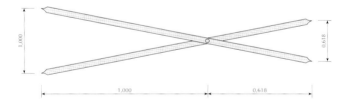

Der Goldene Zirkel

Ein Goldener Zirkel ist ein Zeichen- und Vermessungsinstrument, das besonders im Schreinerhandwerk benutzt wird. Mit seiner Hilfe kann man zum Beispiel die obige Zeichnung anfertigen.
Das abgebildete Modell ist ein sogenannter Reduktionszirkel. Schon bei Ausgrabungen in Pompeji wurden antike Vorläufer dieses Modells gefunden.

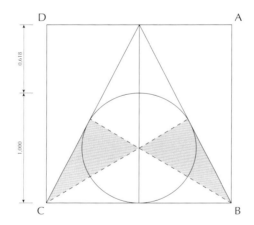

Der Inkreisradius eines Dreiecks im Quadrat

Gegeben sei ein Quadrat mit der Seitenlänge BC. Möchte man den Goldenen Schnittpunkt der Quadratseite ermitteln, bedarf es nur einer einfachen geometrischen Konstruktion. Man zeichne in das Quadrat ein größtmögliches Dreieck, mit der Grundseite BC ein. Der Innenkreis in diesem Dreieck bestimmt mit seiner Höhe im Quadrat den Goldenen Schnitt.

Die Strecke AB und BC, als Radien von sich aufbauenden Kreisen genommen lassen ein regelmäßiges Zehneck und das darin enthaltene Pentagramm entstehen.[3]

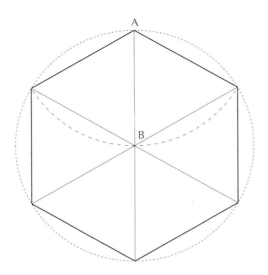

Die Konstruktion des Hexagons

Obgleich die Sternfigur des Hexagramms dem Pentagramm scheinbar ähnlich ist, ist seine Konstruktion um ein vielfaches einfacher. Mit Hilfe eines Zirkels überträgt man den Radius AB auf den Kreis. Verbindet man diese Schnittpunkte nacheinander, so erhält man ein Hexagon.

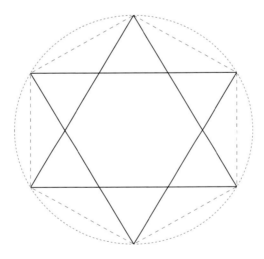

Vom Hexagon zum Hexagramm

Verbindet man die Schnittpunkte gegenüberliegend so, daß gleichschenklige Dreiecke entstehen, erhält man einen regelmäßigen Sechsstern, das Hexagramm.

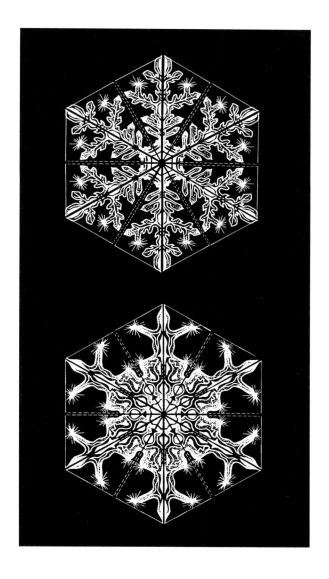

Die Schneeflocke

Die hexagonalen Formen kommen weit häufiger in der anorganischen als in der organischen Natur vor. Im Mineralreich finden wir die radialsymmetrische Form des Sechsecks in zahllosen Kristallgestalten wieder.

Die Schneeflocke ist eines der schönsten Beispiele. Jede Schneeflocke ist individuell verschieden und doch unterliegen sie alle der hexagonalen Form. Jede einzelne von ihnen besitzt ein eigenes Grundmuster, das sich zwölfmal wiederholt. Diese strenge Ordnung ist ein weiteres Charakteristikum der kristallinen Welt im Gegensatz zu Formen der organischen Natur.[5]

Der Goldene Schnitt in der Musik

Der Goldene Schnitt mit seiner harmonischen Wirkung tritt in der Musik in verschiedener Weise auf. Zum einen können zwei Töne bzw. ihre Frequenzen miteinander harmonieren, wenn sie im Goldenen-Schnitt-Verhältnis stehen. Zum anderen können aber auch ganze Teile einer Komposition mit Hilfe des Goldenen Schnittes und der Fibonacci-Zahlen strukturiert sein.

Aber auch beim Bau von Musikinstrumenten wurde der Goldene Schnitt, besonders im Geigen- und Flötenbau, häufig eingesetzt.

Die schwingende Saite einer Lyra betrachtend, fand Pythagoras heraus, daß zwei Saiten am angenehmsten zusammen klingen, wenn sie gleich lang sind oder wenn die eine genau halb, zweidrittel oder dreiviertel so lang ist, wie die andere.

Das 1:1-Verhältnis nennt sich Einklang, das 1:2-Verhältnis Oktave, das 2:3-Verhältnis Quinte und das 3:4-Verhältnis Quarte.

Die Grundharmonien Quinte und Quarte entsprechen annähernd den Proportionen des Goldenen Schnittes, die Oktave dem 3:4-Verhältnis des pythagoreischen Dreiecks.[5]

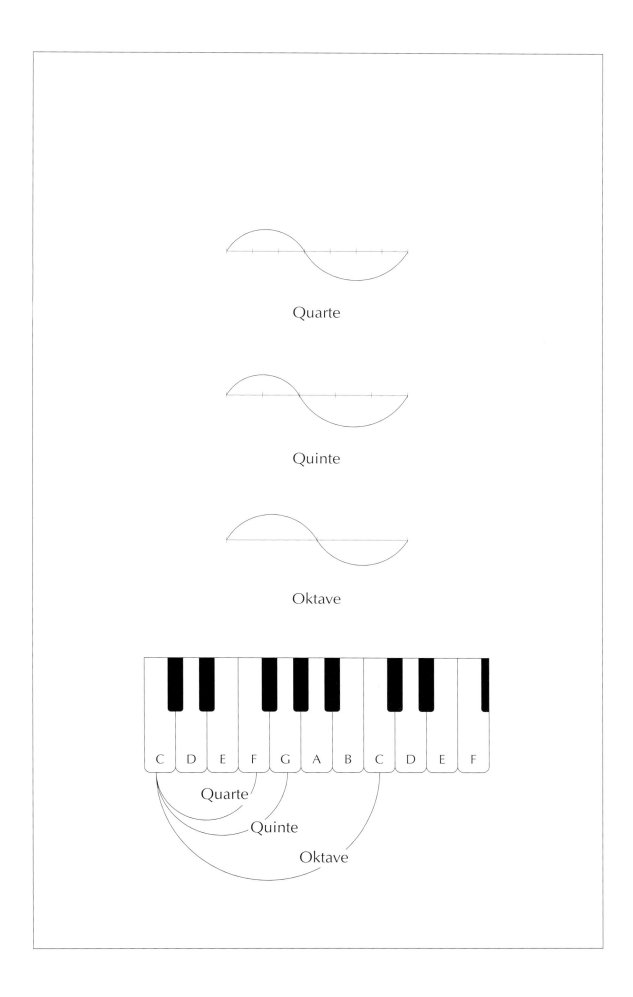

Der Goldene Schnitt und die Spektralfarben

Die Töne teilen mit den Farben und dem Licht die gleiche Wellenlinie. Die Tonschwingungen einer Oktave decken sich fast genau mit den Wellenlängen der sieben Spektralfarben. Wie J. Dauven 1970 nachwies, gleichen sich sogar die Vibrationsraten. Ein a-Moll (A-C-E) entspricht so zum Beispiel dem Farbendreiklang Blau-Grün-Orange.
Farben und Töne, die über die gleiche Wellenlinie miteinander verbunden sind, ähneln sich in ihrer Wirkung.auf die verschiedenen Wahrnehmungsorgane.[5]

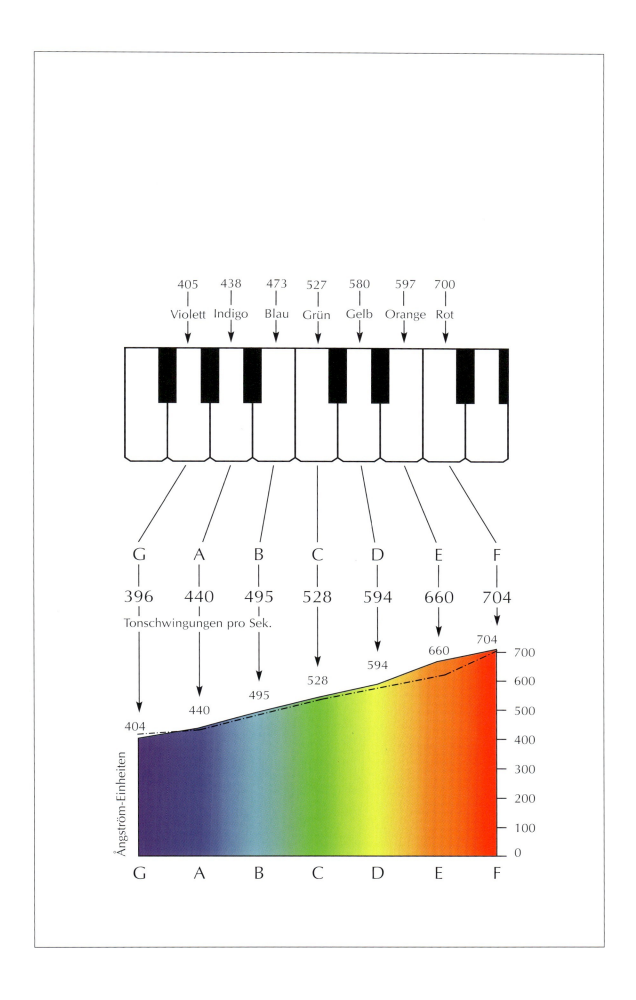

2. Kapitel

Der Goldene Schnitt in der
ARCHITEKTUR

*„Alle Zufriedenheit,
die wir an irgendeinem
Kunstschönen empfinden,
hängt davon ab,
daß Regel und Maß beobachtet sei;
unser Behagen wird nur
durch Harmonie bewirkt."*

Friedrich von Schiller

Der Goldene Schnitt in der Architektur

Seit Menschengedenken zeigt sich in der Architektur das Ringen um eine aus den jeweiligen Lebensformen der Gesellschaft erwachsende Ordnung sowie die Freude an harmonischen und schönen Formen.

Bei der Gestaltung ihrer Bauwerke machten sich die Architekten – bewußt oder unbewußt – die Wirkung des Goldenen Schnittes zunutze; dem etwas Harmonisches, Wohlgefälliges und Beruhigendes innewohnt.

Ob bei den Pyramiden der Ägypter, den Tempelanlagen der Griechen, den Rundbögen der Römer oder den Kuppelbauten der Renaissance – der reizvoll ästhetische Eindruck des Goldenen Schnittes kommt in der Architektur durch ihre monumentale Wirkung besonders zur Geltung.

Selbst Architekten der Gegenwart, wie z.B. Le Corbusier, arbeiteten bewußt mit der Goldenen Proportion.

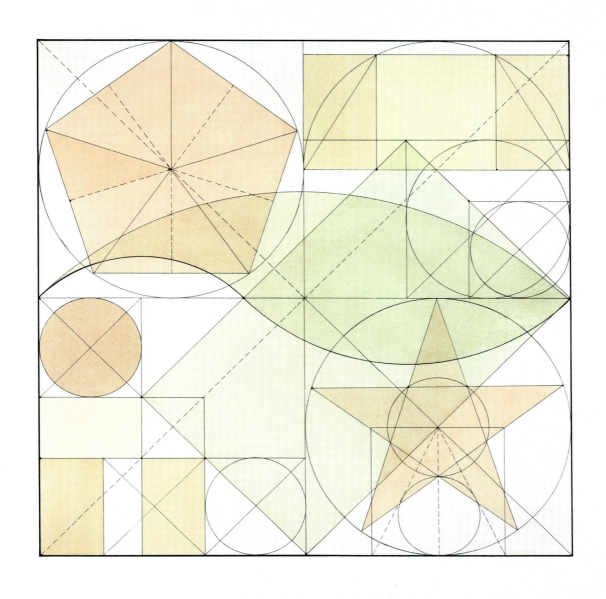

IN DEN GRENZEN ZEIGT SICH DAS GRENZENLOSE

Cheopspyramide

Die Cheopspyramide, auch große Pyramide von Giseh genannt, wurde vor mehr als 4500 Jahren, in der sogenannten 4. Dynastie, erbaut.

Prinz Hemon, ein Sohn des Königs Snofru und Vetter Cheops', war verantwortlich für die Konstruktion der großen Pyramide. Dreißig Jahre lang haben sich unzählige Menschen abgemüht. Etwa 2,3 Millionen wohlbehauene Kalksteinblöcke wurden verarbeitet. Tausende sind namenlos gestorben, um einem einzigen die Unsterblichkeit zu sichern.

Das imposante Bauwerk diente jedoch nicht nur als Königsgrab, sondern auch als riesiger Kalender, Kompaß, astronomische und astrologische Station.

Die Cheopspyramide ist Ausdruck der hochstehenden Kultur der Ägypter. Ihre nahezu exakte Ausrichtung nach den vier Himmelsrichtungen und die mehrfache Wiederholung bestimmter Größenverhältnisse in ihrem Aufbau lassen darauf schließen, daß sie nach vorher kalkulierten geometrischen Prinzipien gebaut wurde.

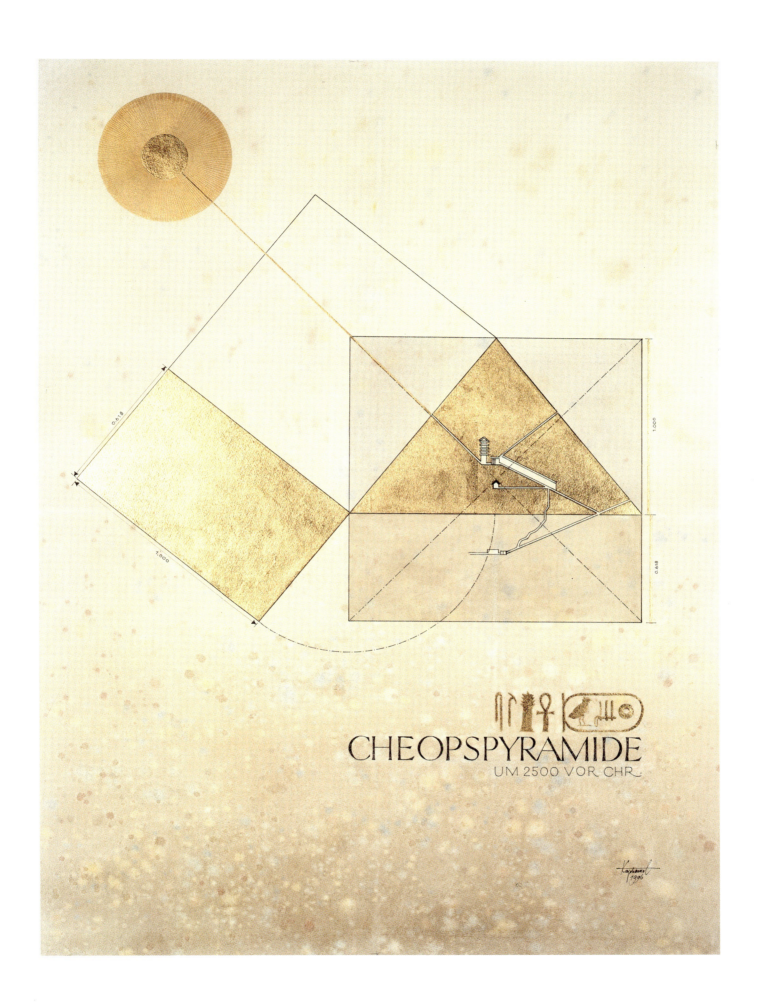

CHEOPSPYRAMIDE
UM 2500 VOR CHR.

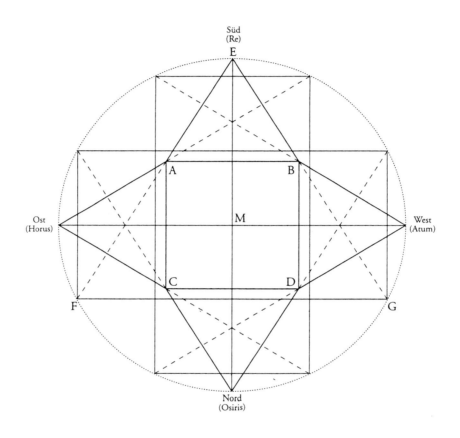

Grundrißplan der Cheopspyramide (nach L. R. Spitzenpfeil)

Das Basisquadrat ABCD mit den anschließenden Mantelflächen (z.B. ABE) geht aus einer vierfachen Durchdringung eines großen nach den Himmelsrichtungen orientierten Quadrates im Halbkreis hervor.[5]

Das Landvermesserdreieck

Für das Ägyptische Dreieck knotete man zwölf Knoten im gleichen Abstand in ein Seil, hielt es am dritten und achten Knoten, führte die Enden zusammen und erhielt so den Winkel von 90°.
Das 3:4:5-Dreieck war für die Ägypter von vitaler Bedeutung: Ihre Felder mußten wegen der Überschwemmung des Nils jeweils mit diesem sicheren Vermessungsinstrument neu vermessen werden.

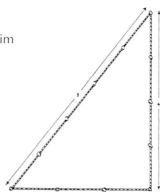

Die Proportionen der Cheopspyramide

Die schraffierte Fläche zeigt das Landvermesserdreieck in der Pyramidenkonstruktion.

Grundriß der Cheopspyramide

Das schraffierte gleichschenklige Dreieck ADM nimmt ein Achtel der Basis der Pyramide ein.[5]

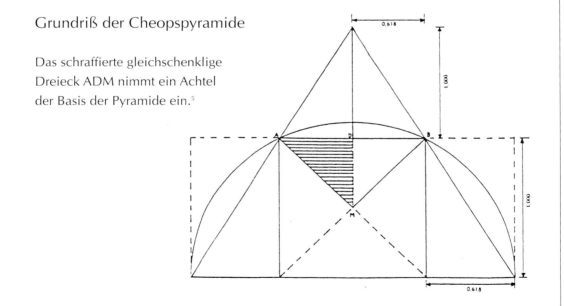

Parthenon des Perikles

Der Parthenon und später die Propyläen waren die ersten Gebäude, die zur Zeit des Perikles errichtet wurden.

Unter der Leitung des Bildhauers Phidias begannen die Architekten Iktinos und Kallikrates 447 v. Chr. mit dem Bau des Parthenons, der 438 v. Chr. endlich in Gebrauch genommen wurde. Der Tempel, der der Stadtgöttin Athena geweiht ist, steht auf dem höchsten Punkt der Akropolis.

Dem Innenraum des Tempels (cella) sind an der Stirn- und Rückseite sechssäulige Hallen vorgelagert. Der gesamte Bau, mit einem Ausmaß von 30,88 x 69,50 m ist von dorischen Säulen umgeben.

Die Schwere des dorischen Stils, dem eine gewisse Erdgebundenheit anhaftet, wird beim Parthenon durch die schlanken Proportionen der Säulen und des niedrigen Gebälks aufgehoben.

Phidias schuf das vermenschlichte Götterbild der Athena im Inneren, während seine Schüler den Tempel mit Relieffliesen ausstatteten, die Motive aus der Sage zum Inhalt haben.

Da die Griechen im schönen, harmonisch ausgeglichenen Menschenleibe das Sinnbild des Göttlichen sahen, errichteten sie ihre Bauwerke nach dem menschlichen Maß.

PARTHENON DES PERIKLES

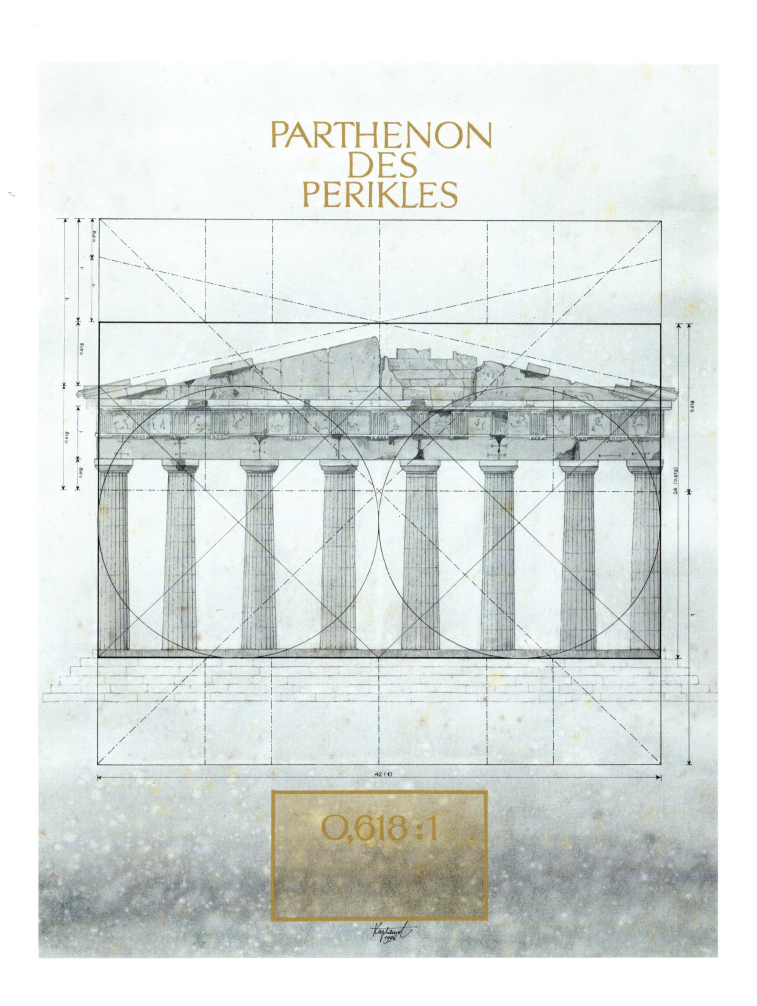

0,618 : 1

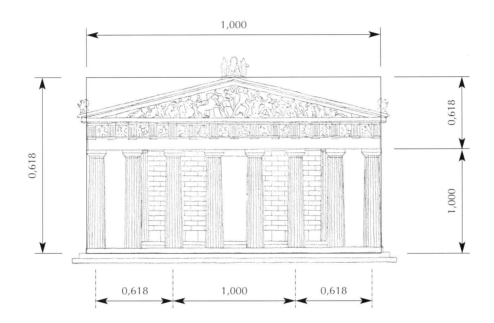

Die Goldenen Proportionen des Parthenons

Laut Vitruvius entspricht die Länge eines Tempels der zweifachen Breite. Die Proportionen der offenen Eingangshalle (pronaos) und des geschlossenen Innenraumes (cella) betragen 3:4:5 (3 = Tiefe, 4 = Breite der Eingangshalle, 5 = Tiefe der Innenhalle). Die Maße entsprechen den musikalischen Grundharmonien.

Die Säulen der Hauptfassade des Parthenons mit ihren sieben Zwischenräumen verkörpern das 3:4-Verhältnis des pythagoreischen Dreiecks, welches im musikalischen Bereich der Quarte entspricht.

Die Vorderfront des Parthenons läßt sich, fast exakt, von einem Goldenen Rechteck umschreiben (siehe auch Seite 28).[5]

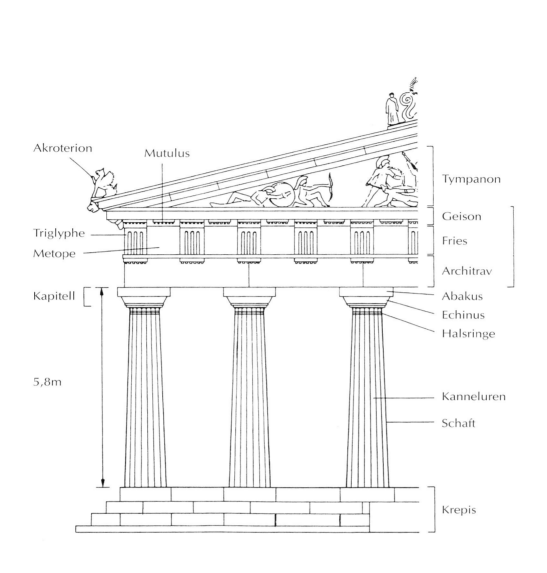

Die dorische Ordnung

Der dorische Stil ist wuchtig und streng. Seine einfachen Formen sind nur sparsam verziert. Die aus Trommeln zusammengesetzten Säulen stehen ohne Basis auf dem Unterbau, dem Stylobat, verjüngen sich nach oben und enden dann in einem einfachen, schmucklosen Kapitell. Die Säulenhöhe entspricht dem fünfeinhalbfachen Durchmesser des Säulensockels. Die Proportionen der Säulen stehen dabei stellvertretend für die Proportionen des menschlichen Körpers.

Das korinthische Kapitell

Das Kapitell war jener Teil der griechischen Tempel, der die Aufgabe hatte, zwischen dem Aufstreben der Säulen und der Schwere der Dächer zu vermitteln. Da die Säulen nach den Proportionen des menschlichen Körpers konstruiert waren, verstand man im Kapitell den „Kopf" der Säule. Die korinthische oder dritte Ordnung (ca. 400 v. Chr.) zeichnete sich nun durch eine zunehmende Freude am rein Dekorativen aus. Besonders wurde dieses an Hand der reichlich verzierten, kelchartigen Kapitelle sichtbar. Die Freude an organischen Formen verdrängte den rein tektonischen Aufbau.

Das abgebildete korinthische Kapitell finden wir im Denkmal des Lysikrates, das im Jahre 334 v. Chr. in der Plaka, im Herzen Athens, errichtet wurde.

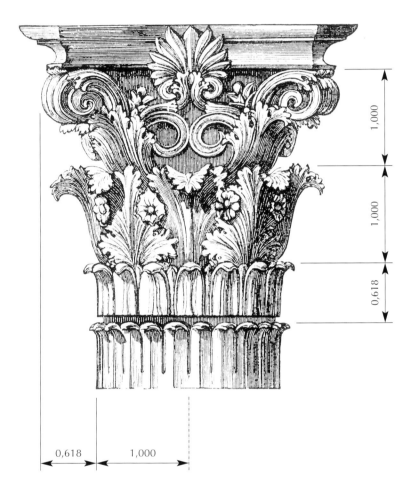

Das korinthische Kapitell

Die Proportionen des Goldenen Schnittes sind in dem Kapitell überall zu finden. Der Goldene Schnitt umgibt das Kapitell wie eine Aura (siehe auch Seite 53).[2]

Das Denkmal des Lysikrates, Athen

Das Denkmal wurde von Lysikrates als würdiges Postament für einen als Siegerpreis errungenen Dreifuß errichtet.
Der Sockel mißt 4 m in der Höhe, der Rundbau 6,5 m. Es hat die Form eines schlanken Rundtempels, der rings von Halbsäulen umgeben ist. Diese Säulen orientieren sich noch in Form und Proportionen im wesentlichen an der ionischen Bauweise. Lediglich das Kapitell spiegelt eindeutig den korinthischen Baustil wider.[6]

Konstantinsbogen in Rom

Der Konstantinsbogen stammt aus der Zeit des römischen Kaisers Konstantin I. Er wurde um 312 n. Chr. vom Senat nach einer siegreichen Schlacht an der Milvischen Brücke errichtet, diente jedoch nicht nur als Tor oder Durchfahrt, sondern vor allem als Postament für die kaiserliche Quadriga. Verschiedene Reliefs von älteren Denkmälern trugen zu seiner reichhaltigen Verzierung bei. Er ist der größte und besterhaltenste römische Triumphbogen.

Der Rundbogen mit seiner großen statischen Aufgabe, der bei den Griechen noch so gut wie unbekannt war, prägte später eindrucksvoll den Baustil der heroischen Römer. Was in der griechischen Architektur die gemeißelte Säule, war bei den Römern der gemauerte Bogen.

Durch die geniale Konstruktion der ökonomischen Bogenreihen konnten Brücken oder Wasserleitungen (Aquädukte) über weite Strecken geführt werden.

Die Konstruktion des Triumphdenkmals war eine Abkehr vom eigentlichen praktischen Nutzen des Rundbogens, hin zur pathetischen Darstellung des sieghaften, alles überwindenden cäsarischen Willens.

Der christliche Kirchenbau späterer Jahrhunderte wurde entscheidend durch das Triumphbogenmotiv beeinflußt.

KONSTANTINSBOGEN IN ROM

Nimes, Pont du Gard

Wohin die Römer auch kamen, überall bauten sie zunächst aus unendlich langen Bogenreihen monumentale, alles überspannende Aquädukte. Diese ungeheuren Wasserleitungen sicherten ihnen die ausreichende Wasserzufuhr für ihre verschwenderische Leidenschaft, das tägliche ausgedehnte Bad.[1]

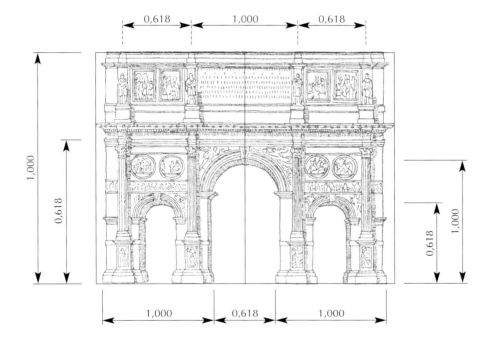

Die Größenverhältnisse des Triumphbogens

Der Konstantinsbogen in Rom ist eine wahre Fundgrube an Goldenen Proportionen. Der Gesamtumriß des Triumphbogens entspricht zwei Goldenen Rechtecken (siehe auch Seite 28). Sowohl in der Vertikalen als auch in der Horizontalen werden die wichtigsten Bauelemente durch den Goldenen Schnitt harmonisch miteinander verbunden.[1]

Dom zu Speyer

Der Dom zu Speyer, auch Kathedralkirche oder Päpstliche Basilika genannt, ist die früheste Gewölbebasilika in Deutschland und die erste mit Kreuzgewölben im ganzen Abendland.

Unter Kaiser Konrad II. wurde der Dom 1030 gegründet und unter Heinrich IV. 1061 vollendet und geweiht. Die Deckeneinwölbung erfolgte um 1100 (etwa 1082 bis 1106). Anfangs mit Flachdecke, wurde die erste deutsche Basilika in einer zweiten Bauphase eingewölbt. Im Gewölbe setzen sich die Mauern organisch fort, der Raum wächst monumental empor. Der Blick wird zur Höhe gelenkt, die im Hochschiff in hellem Licht erstrahlt. Man wählte die Form des Kreuzgewölbes, das aus rechtwinklig sich durchdringenden Tonnen besteht. Das Kreuzgewölbe des Domes ist also doppelt gewölbt, sein Scheitel überragt die seitlichen Schildbögen.

Mit über 133 m Länge wurde er, nach dem Willen seines Gründers, das größte Bauwerk seiner Epoche.

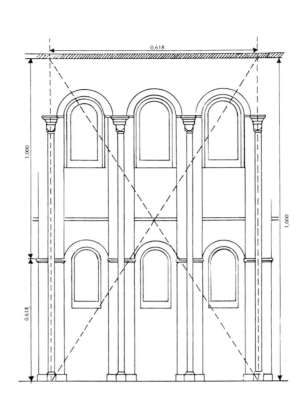

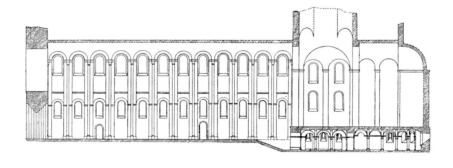

Längsschnitt des Doms zu Speyer

Im Längsschnitt des Doms zu Speyer (die Zeichnung zeigt die Rekonstruktion des Zustandes von 1065) lassen sich deutlich die harmonischen Verhältnisse des Goldenen Schnittes zwischen Säulen und Fenstern, Längen und Höhen erkennen.[2]

Innenseite des Hauptportals

Doch nicht nur in der Gesamtkonstruktion des Doms findet man den Goldenen Schnitt. Auch in den Details, z B. der Innenseite des Hauptportals erkennt man deutlich die Goldene Proportion.

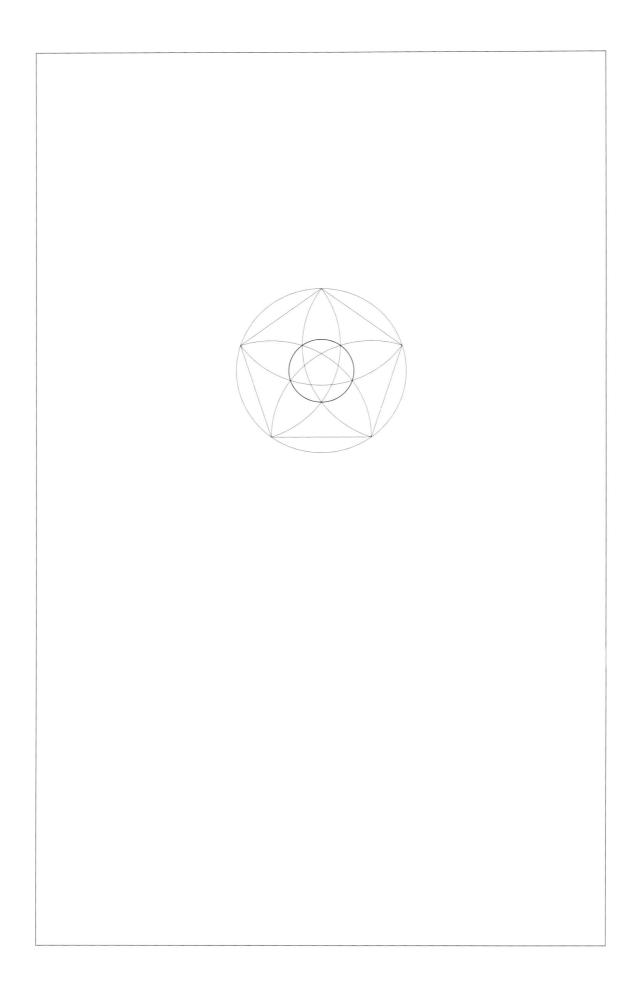

3. Kapitel

Der Goldene Schnitt im

PFLANZENREICH

„Wer bin ich,
daß mir die Vielseitigkeit der Natur
als Chaos erscheint?
Ist sie doch nur Harmonie."

Friedrich von Schiller

Der Goldene Schnitt im Pflanzenreich

Bei der genaueren Betrachtung einer Blume oder einer anderen Schöpfung der Natur fällt auf, daß sich, trotz gravierender Unterschiede in Farb- und Formgebung, gewisse rhythmisierte Proportionen ständig wiederholen. Innerhalb bestimmter Grenzen entstehen Wachstumsmuster von ungeheurer Präzision.

Vor allem in der Pflanzenwelt lassen sich die Fibonacci-Zahlen und das „Goldene-Schnitt-Verhältnis" in der Form von Blüten und Blättern, in Wachstumsproportionen (siehe auch Seite 71), Spiralwindungen (siehe auch Seite 75) oder der Blattstellung (siehe auch Seite 74) unendlich oft nachweisen. Dieses Ordnungsprinzip ist Teil der Harmonie des Kosmos.

Schon Vincent van Gogh sagte: *„Wenn Blumen, gleichgültig welcher Farben und Formen, zusammenstehen, kann niemals ein Bild der Disharmonie entstehen"*.

Aus der Verbindung sich in den richtigen Proportionen ergänzender Gegensätze ergibt sich eine harmonische Ordnung.

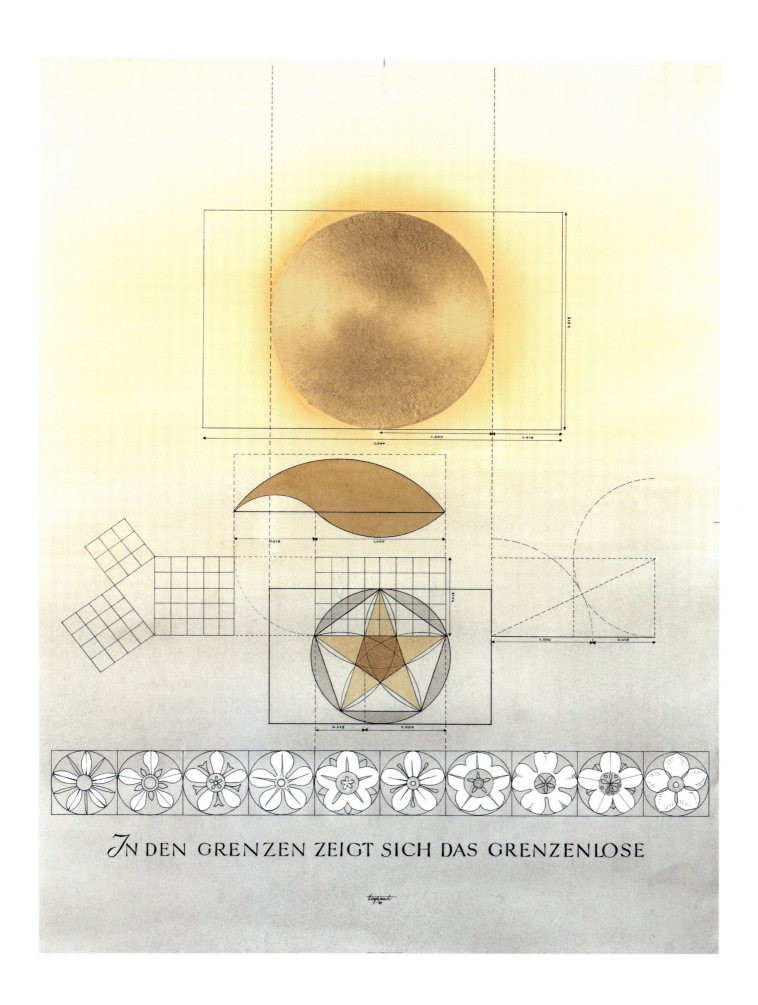

*Du hältst mit einem Körnchen Sand
und einer Blume vom Wiesengrunde
eine ganze Welt in deiner Hand.
Unendlichkeit in einer Stunde.*

Wilhelm Blake

Harmonie der Blüten

Die Wachstumsmuster vieler Blüten entsprechen der Form eines Fünfecks, dem Pentagon, oder in seiner erweiterten Form dem Pentagramm. Aber auch bei Früchten, wie z.B. Apfel oder Birne, kann man im halbierten Samengehäuse deutlich das Fünfeck erkennen. Doch dieses sind nur die augenfälligsten Beispiele. Intensiviert man die Naturbetrachtung, wird offenbar, daß die Form des Fünfecks eine entscheidende Rolle in den Strukturen des organischen Lebens spielt. Unzählige Pflanzenarten sind von ihren Gesetzmäßigkeiten geprägt.

In den verschiedenen Geschichtsepochen wurden dieser fünfteiligen Sternfigur immer wieder außergewöhnliche Kräfte zugeschrieben. Das Pentagramm war schon bei den Pythagoreern unter dem Namen „Gesundheit" bekannt. Es war das magische Zeichen des pythagoreischen Bundes, der sich der Heilkunde verschrieben hatte. Im Mittelalter benutzte man den sogenannten Drudenfuß, um Häuser und Schlafstätten vor unguten, elementaren Einflüssen zu bewahren. Auch heutzutage hat das Pentagramm auf der ganzen Welt nichts von seiner starken Symbolik eingebüßt.

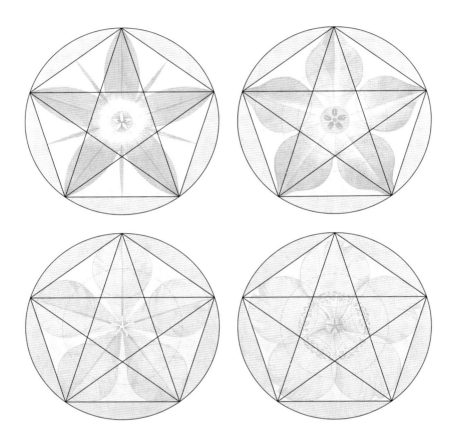

Die Blütenform im Fünfeck

Die Mehrzahl aller Bäume, Sträucher und Blumen bilden eine Blüte mit einer Fünfzahl von Blütenblättern aus (siehe auch Seite 22).
Auch im Tierreich findet man die Zahlengesetzmäßigkeiten des Fünfecks, zum Beispiel beim Seestern.

Die Goldenen Wachstumsproportionen

Beim genaueren Betrachten der Blüte eines Gänseblümchens wird deutlich, daß die gelben Scheibenblüten ein Muster aus entgegengesetzten, logarithmischen Spiralen bilden. Der Faktor, mit dem sich die Spiralen vergrößern, entspricht 0,618. Das heißt, daß die kleinere Spirale zur größeren im Goldenen Schnitt steht.
Diese Wachstumsproportionen finden wir häufig in der Natur, sowohl im Pflanzen- als auch im Tierreich.[5]

Harmonie der Blätter

Das Auftreten der Fibonacci-Zahlen und des Goldenen Schnitts in der Natur wurde oft und außerordentlich intensiv untersucht. Dabei wurden Erkenntnisse erlangt, die weit über die Proportionen der Blattgestalt an sich hinausgehen.

Im Fruchtstand der Sonnenblume erkannte man zum Beispiel, daß die Kerne in rechts- und linksdrehenden Spiralen angeordnet waren. Zählt man diese verschiedenen Spiralen, so ist die Anzahl nicht beliebig, sondern jeweils eine Fibonacci-Zahl. Die gleichen Spiralen findet man unter anderem auch bei den Schuppen der Tannenzapfen und der Ananas.

Auch in der Blattanordnung (Phyllotaxis) entdeckte man erstaunliche Zusammenhänge. Die Blätter an einem Stengel sind nicht beliebig angeordnet. Jedes Blatt bildet mit dem nächsthöheren einen Winkel. Dem zeitlichen Wachstum der Pflanze folgend, wird der Betrachter spiralig, wie bei einer Wendeltreppe, um den Stengel geleitet. Je nach Pflanzenart reihen sich verschieden viele Blätter in die Umrundung ein. Die bei der Blattanordnung entstehenden Brüche bestehen wiederum aus Fibonacci-Zahlen. Interessant dabei ist, daß gerade diese Anordnung den Blättern eine große Menge an Licht und Frischluft sichert.

Es scheint, als besäße die Pflanzenwelt so etwas wie einen geheimen Zahlensinn.

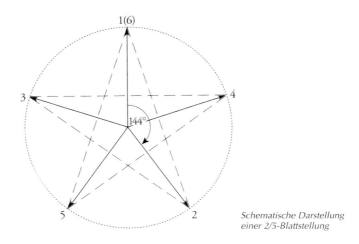

Schematische Darstellung einer 2/5-Blattstellung

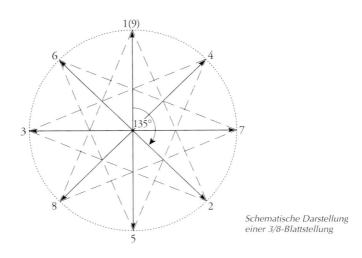

Schematische Darstellung einer 3/8-Blattstellung

Die Blattanordnung am Beispiel der 2/5- und 3/8-Phyllotaxis

Der Botaniker spricht von einem Blattzyklus, der im geschilderten Fall von fünf Blättern gebildet wird. Diese umlaufen schraubenartig in zwei Windungen den Stengel, so daß von einer 2/5-Stellung gesprochen werden muß. Entsprechendes gilt für die 3/8-Stellung, welche die häufigste Blattstellung der Kreuzblütler ist.

Aus den in die Fläche projizierten radialen Linien und den dazugehörigen Zahlen geht die Blattstellung des 2/5- und 3/8-Zyklus hervor. Werden die spiralig aufeinanderfolgenden Schritte schematisch durch gerade Linien verbunden, so ergeben sich ein Fünfstern und ein Achtstern. Dieses ist ein Bauprinzip, das in vielen Blüten auf einer einzigen höheren Ebene in verwandelter Gestalt aufleuchtet.[3]

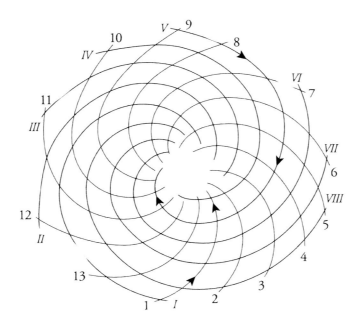

*Schematische Darstellung der Schuppen eines Pinienzapfens.
Vom Zentrum aus ergeben sich acht Spiralen in die eine
und dreizehn in die andere Richtung.*

Spiralformen in der Natur

Beim aufmerksamen Betrachten der Natur wird uns immer eine starke Tendenz zu jener rätselvollen Spiralbildung auffallen. Von den zahlreichen zum Teil schon angesprochenen Beispielen der Pflanzenwelt, über Muscheln und Schneckenhäuser im Tierreich, bis zu galaktischen Spiralmustern oder der allen Lebensformen zugrunde liegenden DNS-Doppelhelix.

Auch in der Geschichte des Menschen tauchten, besonders bei Naturvölkern, immer wieder spiralförmige Symbole auf, die zum Beispiel für die Einheit mit dem Universum oder für Entstehung und Wiedergeburt standen.[3]

Ginkgo biloba

Der deutsche Arzt und Naturforscher A. Kaempfer beschreibt erstmalig den Baum Ginkgo 1712 auf einer Reise. Carl von Linné übernahm die Schreibweise und fügte den Namen „biloba" (zweilappig) hinzu.

Der Ginkgo biloba ist ca. 15 Millionen Jahre alt und damit der älteste Baum der Erde. Seine Vorfahren sollen sogar schon vor 200 Millionen Jahren – vor Blumen, Vögeln, Säugetieren oder Menschen – auf der Erde existiert haben. Wie durch ein Wunder überlebte er die Eiszeit in Südchina und rettete sich mit Hilfe buddhistischer Mönche in unsere Zeit. Um 1730 trafen die ersten Samenkörner aus Japan in Utrecht ein. Bald darauf setzte sich der Baum über Frankreich, Deutschland und England bis nach Amerika durch.

Der eigenwillige Urweltzeuge ist botanisch schwer einzuordnen. Er ist weder ein Nadelbaum noch ein Laubbaum oder ein Urfarn und doch mit allen dreien verwandt. In Baumschulen wird er als Nadelgehölz bezeichnet. Ein einzelner Baum kann ohne weiteres 10-20 m hoch und 1000-2000 Jahre alt werden.

Der Ginkgo spielt eine bedeutende Rolle sowohl in der Heilkunde als auch in der Literatur, Kunst und Musik.

*Dieses Baumes Blatt, der von Osten
meinem Garten anvertraut,
gibt geheimen Sinn zu kosten,
wie's den Wissenden erbaut.*

*Ist es ein lebendig Wesen,
das sich in sich selbst getrennt?
Sind es zwei, die sich erlesen,
daß man sie als eines kennt?*

*Solche Frage zu erwidern,
fand ich wohl den rechten Sinn:
Fühlst du nicht an meinen Liedern,
daß ich eins und doppelt bin.*

Johann Wolfgang von Goethe

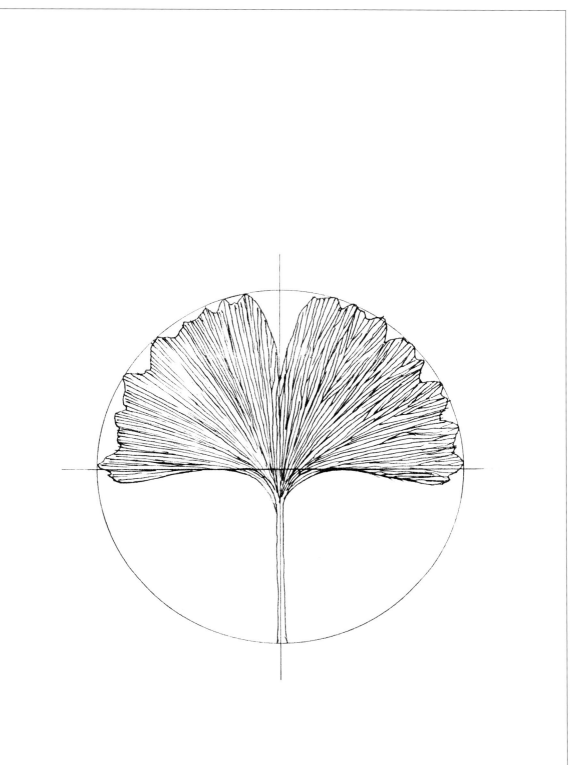

Der Halbkreis und der Goldene Schnitt

Der Halbkreis ist von Goldenen Proportionen durchdrungen Das Auftreten einer Fülle Goldener Dreiecke wird besonders durch die Zeichnung auf Seite 30 deutlich.

Akelei

Die Akelei – lateinisch: aquilegus, was soviel wie Wasserträger heißt – hat ihren Namen aufgrund ihrer saftigen Stengel und Blätter. Die Gattung der Akelei gehört zu der Familie der Hahnenfußgewächse (lat.: Ranunculaceae).

Akeleien sind nur auf der nördlichen Erdhalbkugel anzutreffen. In den gemäßigten Klimazonen sind sie in zahlreicher Artenvielfalt anzutreffen. Unter ihnen gibt es Stauden von mehr als einem Meter Höhe und wahre Zwerge, die nur einige Zentimeter groß sind. Die ersten blühen bereits im frühen Mai, andere noch Ende Juli. Bei den verschiedenen Arten geben sich alle Farben ein Stelldichein.

81

Schön erhebt sich der Agley,
und senkt das Köpfchen herunter.
Ist es Gefühl?
Oder ist's Mutwill?
Ihr ratet es nicht.

Johann Wolfgang von Goethe

Die anmutige stille Schönheit

Aquilegia vulgaris ist als Gartenpflanze schon seit dem Mittelalter bekannt. Ebenso wie das Stiefmütterchen wurde sie schon in Goethes Garten am Frauenplan in Weimar nachgewiesen.[12]

Akelei

Die Akelei – übrigens ein geheimnisvoller Symbolträger, wie aus alten Tafelbildern hervorgeht – ist ein Paradebeispiel für den Goldenen Schnitt.
Sowohl die Blüten als auch die Blätter weisen in vielfacher Hinsicht harmonische Proportionen auf.

Stiefmütterchen

Die wilde Ur-Mutter unserer Stiefmütterchen Viola tricolor ist ein Veilchengewächs aus der Familie der Violaceae. Die einstmals unscheinbare Pflanze wurde erst durch langwierige Züchterarbeit zu dem, was uns heute als unermüdlich blühendes, farbenprächtiges Stiefmütterchen aus Gärten und Anlagen bekannt ist.

Das Wilde Stiefmütterchen ist ein- bis mehrjährig, auf Äckern und Wiesen anzutreffen und wird 10–25 Zentimeter groß. Seine Blüten mit den fünf Kronblättern sind so gestaltet, daß zwei Blütenblätter nach oben ragen, zwei zur Seite zeigen und eines, das größte, nach unten hängt.

Im Volksglauben symbolisierte das untere Blatt die Stiefmutter, zu deren Seite ihre beiden gutgekleideten Töchter saßen, während die beiden oberen, unscheinbareren Blätter – mit der gelben Farbe der Eifersucht behaftet – die Stieftöchter darstellten.

Sein Name tricolor (lat.) = dreifarbig bezieht sich auf die hübschen dreifarbigen Blüten. In England wurde die Blume aufgrund dieser Farbigkeit zum Symbol der christlichen Dreifaltigkeit und in Shakespeares „Sommernachtstraum" als Zaubersaft gar in Verbindung mit schwärmerischer Liebe gebracht.

Auch in der Heilkunde spielt das Wilde Stiefmütterchen eine bedeutende Rolle.

WER MIT SEINER MUTTER, DER NATUR, SICH HÄLT,
FINDT IM STENGELGLAS WOHL EINE WELT.

In den Grenzen des Fünfecks (Pentagon)

Die Wachstumsmuster vieler Blüten und Blätter werden stark durch die Kreis- und Fünfecksform bestimmt. Hauptsächlich wird dieses bei radialsymmetrischen Gestalten deutlich (z.B. Glockenblume, Akelei und Heckenrose).
Aber auch die Stiefmütterchenblüte mit ihren verschiedenen Kronblättern zeigt anschaulich den Bezug zu den geometrischen Grundformen.

*„Dem kleinen Veilchen gleich
das im Verborg'nen blüht,
sei immer fromm und gut,
auch wenn dich niemand sieht."*

Dieser Spruch aus dem Poesiealbum verdeutlicht die symbolische Verwandtschaft zwischen Veilchen und Stiefmütterchen.
Eine alte Legende sieht das Stiefmütterchen ganz im Licht romantischer Selbstaufopferung. Sie erzählt, daß es früher zu den wohlriechendsten Feldblumen gehörte, so daß die Menschen das Korn zertrampelten, um es zu finden.
Daraufhin verzichtete es selbstlos auf seinen schönen Duft, um das wertvolle Korn zu retten.

4. Kapitel

Der Goldene Schnitt im

TIERREICH

„Gott würfelt nicht."

Albert Einstein

Der Goldene Schnitt im Tierreich

Seit Anbeginn existiert in den Menschen das tiefe Bedürfnis zu erfahren, wie die Natur und sie selbst entstanden sind, welchen Gesetzmäßigkeiten sie unterliegen und in welches Ordnungssystem sie eingebettet sind.

Was auch immer Wissenschaftler in der Natur erforschen und entdecken, immer sind es Vorgänge, die nach den Ordnungsprinzipien der Schöpfung ablaufen, den Gesetzen der Harmonie. Nichts in der Natur geschieht ohne Gesetzmäßigkeit, losgelöst für sich allein – alles wirkt auf geheimnisvolle Weise miteinander und aufeinander.

Während wir fragmentarisch Teile aus den Harmoniegesetzen der Natur zusammentragen und versuchen, ihre übergeordnete Bedeutung zu begreifen, wird uns ein Blick, durch ein Fenster in die kosmische Unendlichkeit, zuteil.

Der Ästhetikprofessor Adolf Zeising (1810 – 1876), und nach ihm auch andere Forscher, haben versucht, die Gesetzmäßigkeiten der Stetigen Teilung, wie der Goldene Schnitt auch genannt wird, ins Verhältnis zu den Abständen der Planeten zueinander zu setzen. Rudolf Steiner ging sogar noch weiter und regte an, die rätselvollen Spiraltendenzen des Sprosses mit den Bewegungsprinzipien der Planeten zu vergleichen.

Morpho violacea

Der Morpho violacea gehört zu der Gattung der Morphiden. Sie leben ausschließlich im tropischen Amerika. Die meisten Arten konzentrieren sich auf das immense Gebiet südlich des Orinoko. Die Familie der Morphiden umfaßt ungefähr 50 Arten. Durch das leuchtende Blau ihrer Flügel sind sie schon aus großer Distanz auszumachen. Die metallisch schillernde Färbung der Männchen beruht nicht auf Farbstoffen, sondern auf einer komplizierten Struktur der Flügelschuppen, die durch die Brechung der Lichtstrahlen die Farben entstehen läßt. Man spricht deshalb auch von Strukturfarben.

Die Morphiden erreichen Spannweiten von bis zu 20 cm. Sie ernähren sich vorzugsweise von überreifen Früchten. Die Weibchen sind schwer zu entdecken; sie sind zwar größer als die Männchen, aber unscheinbarer in der Färbung. Die Raupen der Morphiden leben gesellig und richten durch ihr massenhaftes Auftreten oft Schaden an Kokos- und Ölpalmen oder Bananen an.

In den meisten Ländern stehen die Morphiden mittlerweile unter Naturschutz.

Die „Tarnseite" des Morpho violacea

Die Flügel des Morpho violacea zeigen große Farbunterschiede. Besitzen sie oberseits einen einzigartig schimmernden Blauglanz, so zeigen sie sich unterseits dagegen braungrau.
Sitzt der Schmetterling mit geschlossenen Flügeln beispielsweise auf einem Ast, so ist er durch seine perfekte Tarnung kaum von dem Hintergrund zu unterscheiden.

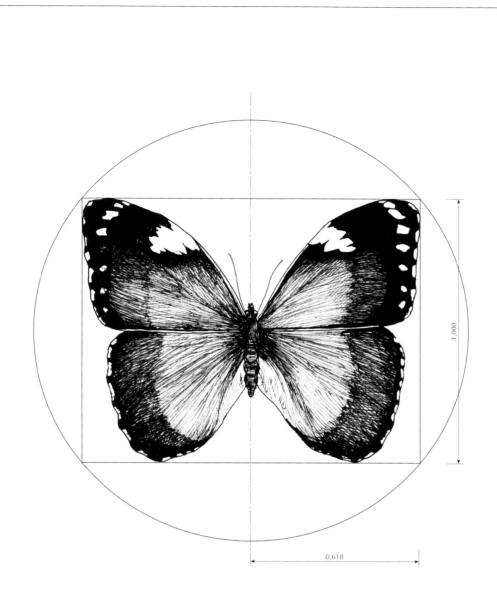

Die Schönheit des Morpho violacea

Die Schönheit des Schmetterlings wird nur zum Teil durch seine einmalige Flügelfärbung und seine ebenmäßige Gestalt hervorgerufen. Maßgeblich entscheidend sind jedoch auch die bei allen Schmetterlingen vorherrschenden harmonischen Proportionen. Oft werden sie noch durch das Verhältnis 1:2 = 0,5 ergänzt, welches im musikalischen Bereich der Oktave entspricht (siehe auch Seite 34).

Die Flügelpaare des Morpho violacea lassen sich jeweils von einem Goldenen Rechteck (siehe auch Seite 28) umschreiben. Vorder- und Hinterflügel stehen zu diesem Rechteck im 1:2-Verhältnis. Auch im Verhältnis der Fühler zum Schmetterlingskörper wird der Goldene Schnitt deutlich.

Morpho peleides

Der Morpho peleides zählt zu den schönsten Geschöpfen dieser Erde. Der handtellergroße Schmetterling mit seinen glänzend blau schillernden Flügeln hält sich am liebsten in den Baumkronen des Regenwaldes auf. Wie beim Morpho violacea sind auch seine Flügelunterseiten in unscheinbaren Brauntönen gehalten, die ihm eine perfekte Tarnung ermöglichen.

MORPHO PELEIDES

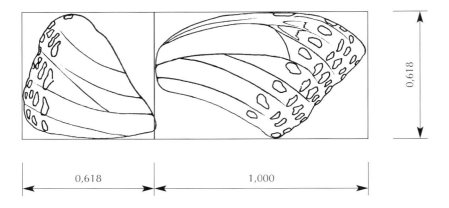

Die Proportionen der Flügel

Obwohl die Schmetterlingsflügel der unterschiedlichen Arten stark in ihrer Form variieren, stehen sie immer im harmonischen Verhältnis zueinander. Die Flügel lassen sich von Goldenen Rechtecken (siehe auch Seite 28) in Verbindung mit Quadraten umschreiben. In der Zeichnung verdeutlichen sich die Goldenen Proportionen zwischen dem Vorder- und dem Hinterflügel des Morpho peleides.

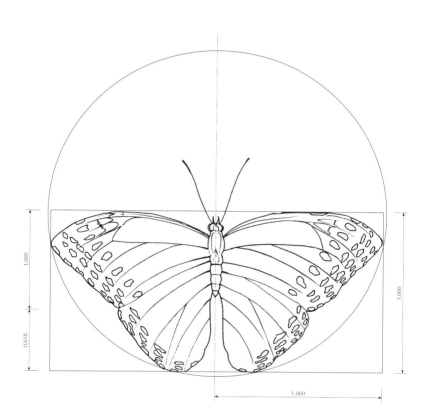

Die harmonische Form des Morpho peleides

Bei der Betrachtung des Morpho peleides erkennt man deutlich den Goldenen Schnitt im Verhältnis der Hinterflügel zu den Vorderflügeln.
Der gesamte Falter orientiert sich an der Form des Halbkreises, die schon beim Ginkgoblatt auffällig war.

Schwalbenschwanz

Der Schwalbenschwanz (lat.: Papilio machaon) gehört zu der Familie der Ritterfalter. Er lebt in verschiedenen Arten in Mitteleuropa und in den Tropen. Seine Flügelspannweite beträgt bis zu 75 mm.

Der Tagfalter hat eine sehr schöne schwarze Zeichnung auf einem sattgelben Grundton. Auffällig sind die charakteristischen Schwanzfortsätze der Hinterflügel, denen der Falter seinen Namen verdankt.

Als guter Flieger legt er weite Strecken zurück und bevorzugt dabei blütenreiche Wiesen im offenen Flach- und Hügelland. Seine Raupen leben auf Doldenblütlern, wie z.B. Mohrrüben, Fenchel und Kümmel.

Im Norden tritt er mit einer Generation auf, in den gemäßigteren Breiten Südeuropas und Afrikas können bis zu drei Generationen in einem Jahr aufwachsen.

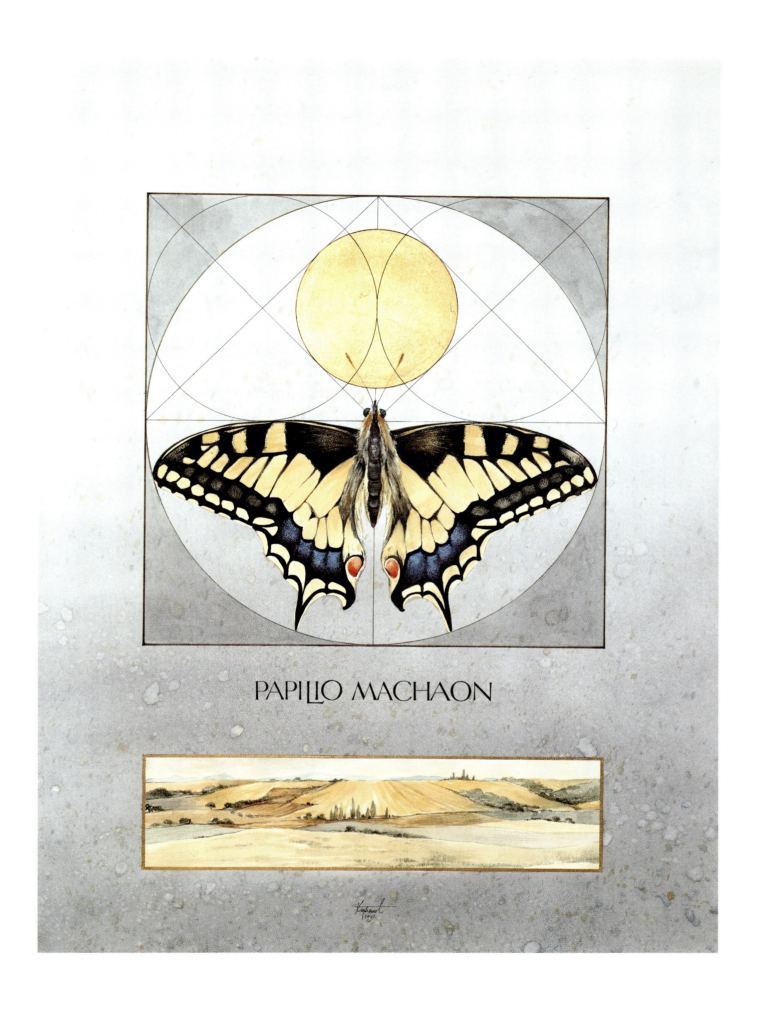

Der Ruhm, wie alle Schwindelware,
hält selten über tausend Jahre.
Zumeist vergeht schon etwas eh'r,
die Haltbarkeit und die Kulörr.

Ein Schmetterling voll Eleganz,
genannt der Ritter-Schwalbenschwanz,
ein Exemplar von erster Güte,
begrüßte jede Doldenblüte,
und holte hier und holte da
sich Nektar und Ambrosia.
Mitunter macht er sich auch breit
in seiner ganzen Herrlichkeit
und zeigt den Leuten seine Orden
und ist, mit Recht, berühmt geworden.

Die jungen Mädchen fanden dies
entzückend, goldig, reizend, süß.
Vergebens schwenkten ihre Mützen
die Knaben, um ihn zu besitzen.
Sogar der Spatz hat zugeschnappt
und hätt' ihn um ein Haar gehabt.

Jetzt aber naht sich ein Student,
der seine Winkelzüge kennt.
In einem Netz mit engen Maschen
tät' er den Flüchtigen erhaschen.
Und – da derselbe ohne Tadel –
spießt er ihn auf die heiße Nadel.

So kam er unter Glas und Rahmen,
mit Datum, Jahreszahl und Namen,
und bleibt berühmt und unvergessen,
bis ihn zuletzt die Motten fressen.

Man möchte weinen, wenn man sieht,
daß dies das Ende von dem Lied.

Wilhelm Busch

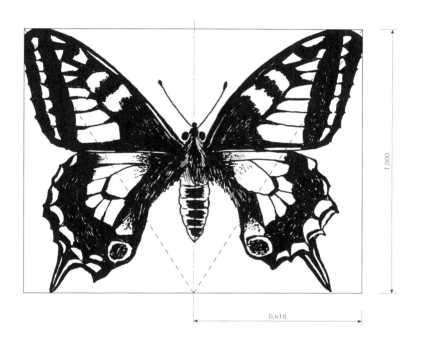

Die Gestalt des Schwalbenschwanzes

Auch die Flügelpaare des Schwalbenschwanzes lassen sich von zwei Goldenen Rechtecken (siehe auch Seite 28) umschreiben.

Trauermantel

Der Trauermantel (lat.: Nymphalis antiopa) gehört zur Familie der Edelfalter. Er lebt in weiten Teilen Mitteleuropas in Wäldern und in der Nähe von Flüssen und Seen.

Der Trauermantel hat einen rötlich-schwarzen Grundton, mit cremefarbenen Säumen und einer zweiten, schwarz gefaßten, blau getrennten Saumreihe. Er erreicht eine Spannweite von bis zu 70 mm.

Der Falter überwintert als Schmetterling und fliegt daher als einer der ersten im Frühjahr aus. Mit besonderer Vorliebe saugt er den Saft von Birken und Eichen, im Spätsommer ernährt er sich auch von heruntergefallenem Obst. Seine Raupen leben am Frühlingsende und am Sommeranfang gruppenweise auf Weiden, Birken und Ulmen, die sie völlig kahlfressen.

Aus unbekannten Gründen ist der Trauermantel in den vergangenen Jahrzehnten in Mitteleuropa deutlich seltener geworden.

Die Fortpflanzung des Trauermantels

Der überwinternde Falter legt seine Eier im Mai kreisrund um die Äste seiner Nahrungsbäume. Aus ihnen schlüpfen schwarze, stachelig aussehende Raupen mit roten Flecken, die sich schließlich zu einer kopfüber hängenden Puppe verwandeln. Die fertigen Falter schlüpfen nach drei Wochen.

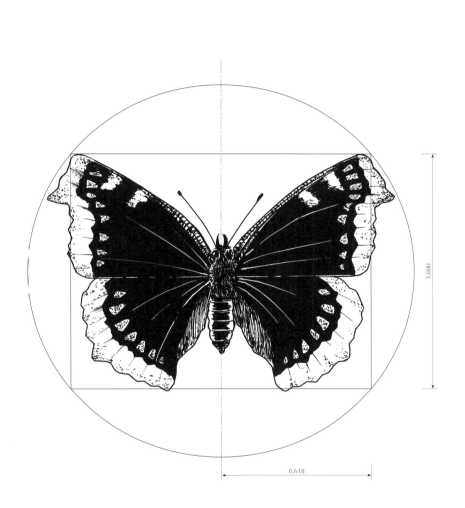

Der Trauermantel

In die Kreisform fügt sich der Trauermantel ebenso ein wie in die Proportionen des Goldenen Schnittes.

Tagpfauenauge

Das Tagpfauenauge (lat.: Inachis io) ist über die gesamte paläarktische Zone verbreitet. Es erreicht eine Spannweite von bis zu 60 mm, wobei die Weibchen meist etwas größer werden als die Männchen.

Das Tagpfauenauge besitzt eine schimmernd rostrote Grundfärbung mit braunen Säumen. Am Vorderflügel trägt es einen asymmetrischen roten, am Hinterflügel einen rundlichen blauen, sogenannten Augenfleck. Die Flügelunterseite ist schwarzbraun schattiert. Der plötzliche, von Raschelgeräuschen begleitete Wechsel vom „unsichtbaren" Tarnzustand zu einem „Gesicht mit großen Augen" schreckt erfolgreich Feinde wie Vögel und Eidechsen ab. Häufig ist das Tagpfauenauge in Gärten in der Nähe von Schmetterlingssträuchern oder anderen Zierpflanzen anzutreffen. Es legt seine Eier an die Blattunterseite von Brennesseln, die den Raupen später als Futter dienen.

Das Tagpfauenauge ist einer unserer häufigsten Schmetterlinge.

Die Metamorphose

Das Werden der Falter, von den Raupen über die Verpuppung, ist eines der ganz großen Wunder der Natur. Öffnet man eine Puppe verfrüht, so findet man in ihr nur Körpersaft, in dem fast alle Organe der Raupe aufgelöst sind. Auf dieser lebenden Grundsubstanz werden dann die vollkommen unterschiedlichen Organe des Falters neu aufgebaut.

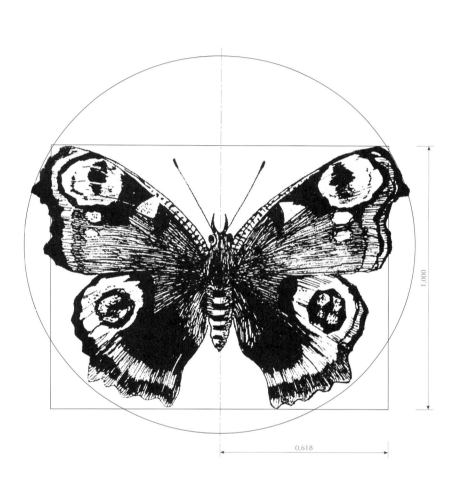

Die Proportionen des Tagpfauenauges

Die Gestalt des Zackenfalters fügt sich in die Kreisform ein.
Die Flügelpaare lassen sich, wie bei den anderen Schmetterlingen auch, von zwei
Goldenen Rechtecken umschreiben (siehe auch Seite 28).

Südliche Mosaikjungfer

Die südliche Mosaikjungfer (lat.: Aeshna affinis) zählt mit ihrer etwa 65 mm Länge zu den kleineren Edellibellen. Obwohl sie ihre Verbreitung im südlichen Mittelmeerraum hat, kann man die Wanderlibelle in manchen Jahren auch vorübergehend in Süddeutschland entdecken. Sie lebt gerne an seichten, sonnigen und windgeschützten Kleingewässern. Sie gehört zu den am seltensten nachgewiesenen Arten.

Die Mosaikjungfer ist mit ihrem schlanken Körper und den vier großen, glasartig durchsichtigen Flügeln der schnellste und gewandteste Flieger unter den Insekten. Pfeilschnell und wendig jagt er seine Beute im Flug. Mit den vorgestreckten Vorderbeinen wird das Opfer erhascht. Ober- und Unterkiefer sind starke, mit nadelspitzen Zähnen besetzte Freßzangen. Große halbkugelige oben zusammenstoßende Netzaugen verleihen dem Tier ein weites Gesichtsfeld.

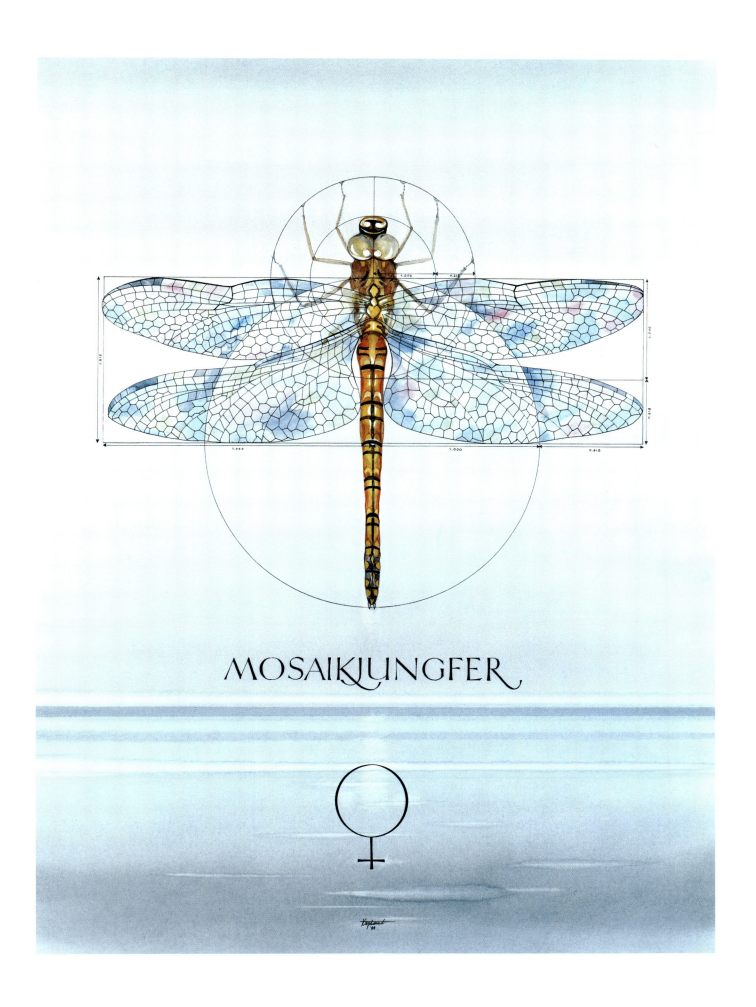

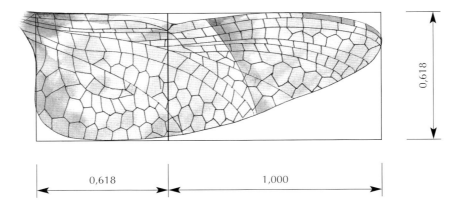

Hinterflügel der Mosaikjungfer

Der schmalere Teil des Flügels läßt sich von einem Goldenen Rechteck (siehe auch Seite 28) umschreiben. Der breitere von einem Quadrat. Auch die Flügel vieler anderer Insekten zeigen ähnliche Proportionen.
Im Pflanzenreich, beim flügelartigen Samen des Ahorns, findet sich die gleiche Form wieder.

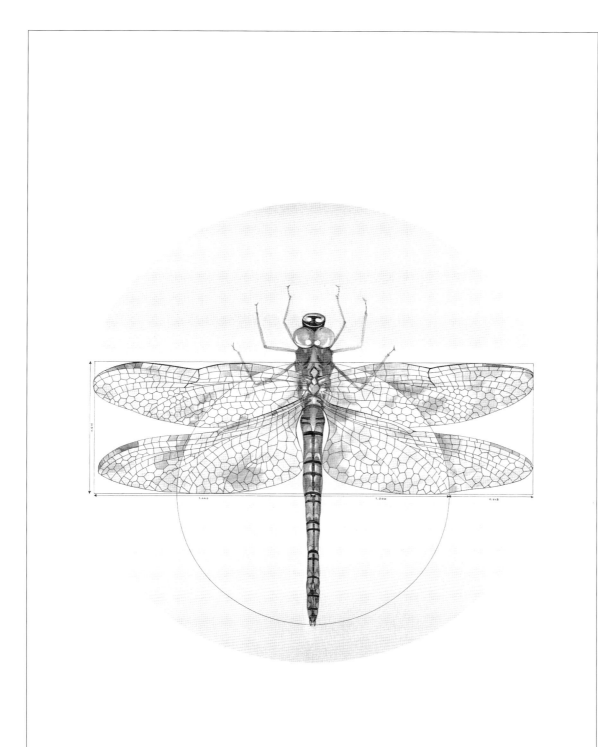

Die harmonische Gestalt

Die Flügelpaare der Mosaikjungfer lassen sich von zwei Goldenen Rechtecken umschreiben (siehe auch Seite 28).

Hirschkäfer

Der Hirschkäfer (lat.: Lucanus cervus) gehört zu der Familie der Blatthornkäfer. Man findet ihn in den meisten Laubwäldern Europas.

Der Hirschkäfer ist in seinem Lebensraum streng gebunden an die Existenz alter Eichenwälder. Dort findet man ihn vor allem auf vermodernden Eichenstümpfen und heruntergefallenen Ästen.

Die stark vergrößerten Oberkiefer des Männchens bilden das Geweih, welches bei Kämpfen mit anderen Männchen zum Einsatz kommt. Mit Geweih kann er bis zu 8 cm lang werden. Das Weibchen ist deutlich kleiner.

Hirschkäfer ernähren sich bevorzugt vom Saft der Eichen, den sie mit Hilfe ihrer Unterlippe, der sogenannten Zunge, auflecken. Ihre Larven leben im vermodernden Eichenholz und brauchen bis zu fünf Jahre zur Entwicklung.

Die Hirschkäfer stellen heute eine Rarität dar und mußten in die „Rote Liste der gefährdeten Tierarten" aufgenommen werden.

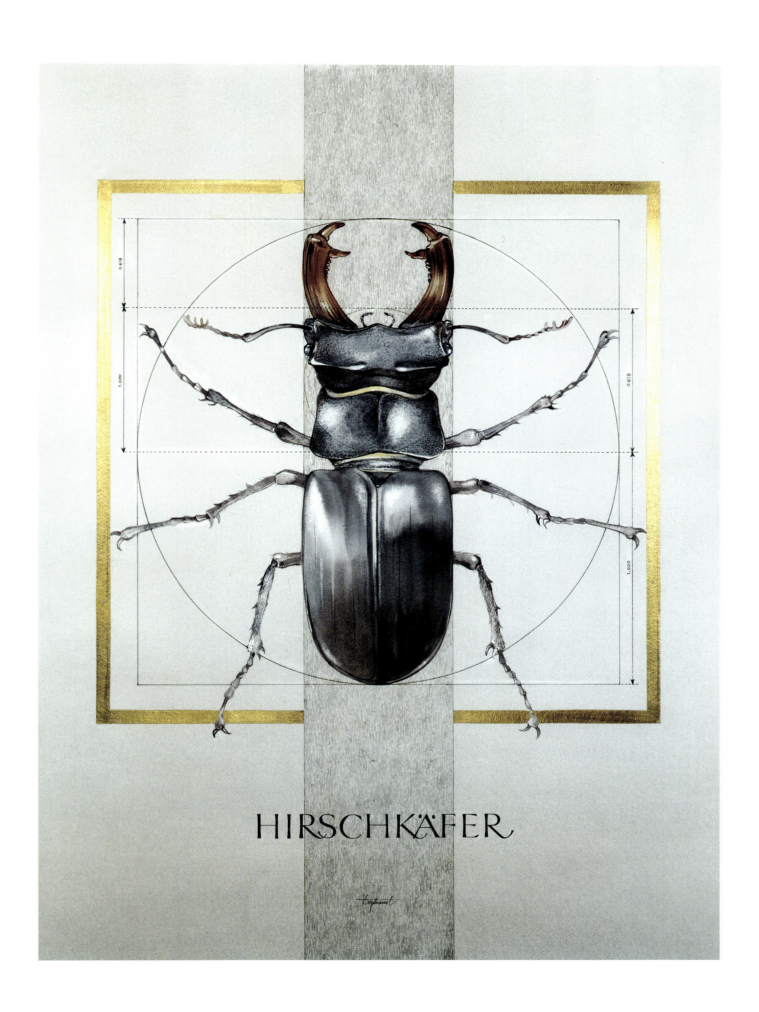

HIRSCHKÄFER

Kampf der Giganten

Die Hirschkäfermännchen mit ihrem imposanten Geweih sind in unseren Breiten die größten Käfer. Die Weibchen sind wesentlich kleiner und erheblich seltener. Um ein gefangenes Weibchen versammeln sich meistens sehr viele Männchen. Dabei kommt es oft zu heftigen Kämpfen zwischen den Geweihträgern, die sich gegenseitig greifen, hochheben und versuchen, den Gegner vom Baum herabzuwerfen. Ausgerissene Beine und abgebrochene Kiefer sind dabei keine Seltenheit.

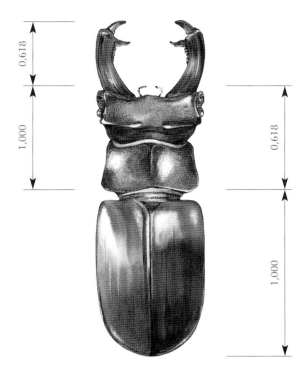

Der Rumpf des Hirschkäfers

Im Insektenreich stellen die Käfer die zahlreichste Art dar. Bei der näheren Betrachtung stellen wir trotz der unterschiedlichen Gestalt vieler Käfer die gleichen proportionalen Verhältnisse fest.
Am Beispiel des Hirschkäfers verhält sich der Hinterleib zum Vorderleib – wie der Vorderleib zum Geweih im Goldenen Schnitt.

Rote Waldameise

Die Rote Waldameise (lat.: Formica rufa) wird 0,5 bis 1,0 cm groß.

Ihr Lebensraum sind die Laub- und Nadelwälder Europas und Nordamerikas. Sie lebt in einem Sozialstaat, wobei das ganze Volk aus bis zu einer Million Arbeiterinnen bestehen kann. Aus unerklärten Gründen tauchen bei der Waldameise sowohl monogyne (eine Königin) als auch polygyne (viele Königinnen) Sozialstrukturen auf.

Das Nest der Ameise besteht aus einem oberirdischen Hügel und einem unterirdischen Bau. Der Ameisenhügel ist von zahlreichen Gängen und Kammern durchzogen.

Die Fortpflanzung geschieht durch Eiablage im März. Ob eine Königin, ein Männchen oder ein geschlechtsloses Weibchen entsteht, entscheiden die Ameisen durch spezielle Hormonzugaben im Futter.

Sie ernähren sich vornehmlich von Insekten; ihre Lieblingsspeise sind die süßen Ausscheidungen der Blattläuse (Honigtau).

Trotz intensiver Schutzmaßnahmen wird die Rote Waldameise immer seltener.

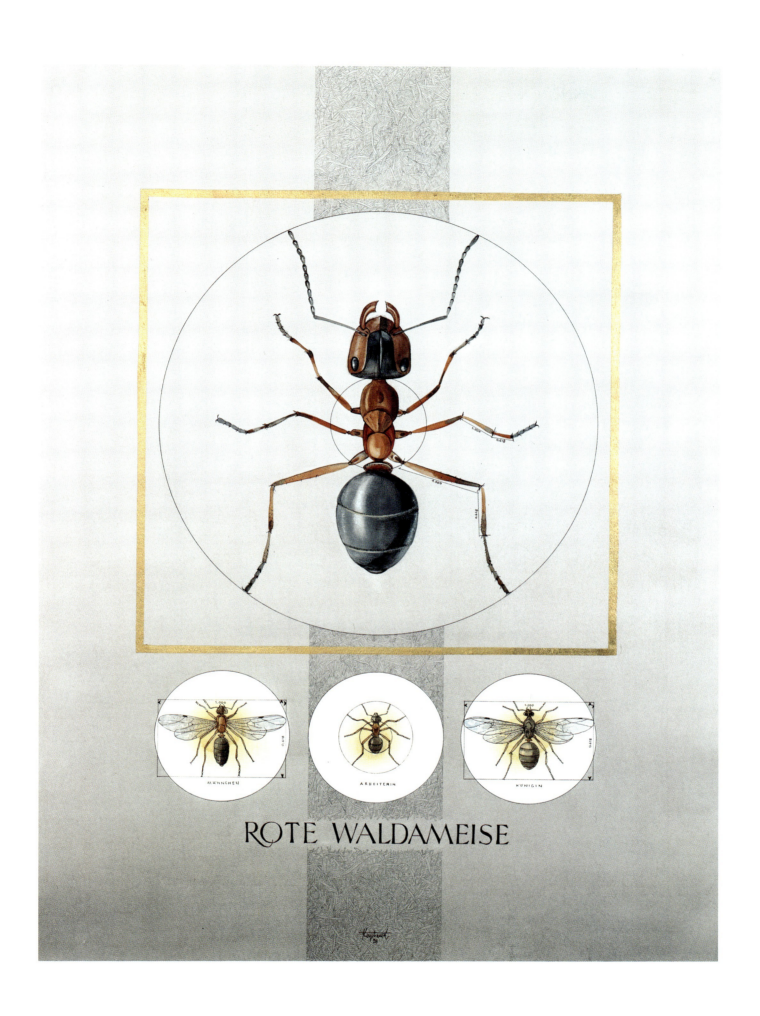

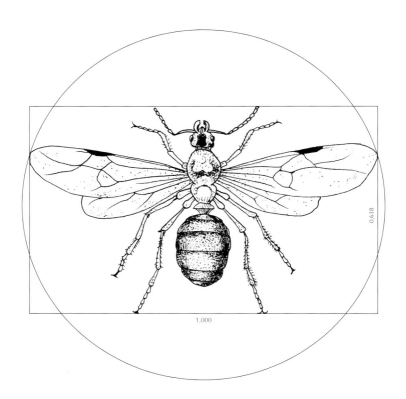

Die geflügelte Waldameise

Die Königin und die Männchen der Roten Waldameise tragen zum Hochzeitsflug Flügel, die sie nach dessen Beendigung abwerfen.
Die Gestalt der geflügelten Waldameise läßt sich von einem Goldenen Rechteck umschreiben (siehe auch Seite 28).

Die „Fleißigen"

Wie im Bienenvolk, so sind auch im Ameisenstaat die weitaus meisten Bewohner unfruchtbare Weibchen. Die flügellosen Arbeiterinnen pflegen die Brut, schaffen die Nahrung herbei, bauen das Nest, legen die Straßen an, reinigen den Bau und bewachen die Eingänge.

Der schwarzbraune Körper der Ameise ist deutlich in Kopf, Brust und Hinterleib gegliedert. Ihre Mundwerkzeuge sind ähnlich wie bei der Wespe gebaut. Ein Giftstachel fehlt ihnen.

Ammonit

Der Ammonit – heute ausgestorben – gehörte wie sein Verwandter, der Tintenfisch, zur Familie der Kopffüßer.

Kopffüßer sind Weichtiere, die fast ausschließlich im Meer leben. Ihr Kopf ist deutlich zurückgesetzt, der Fuß zum Trichter und zu den am Kopf sitzenden Armen umgewandelt. Kopffüßer haben auffallend große Augen und sind schnelle und geschickte Räuber. Heute sind nur noch etwa 600 Arten bekannt.

Die Ammoniten bevölkerten vor allem das Jurameer in Tausenden von Arten verschiedenster Form und Größe. Am Ende des Erdmittelalters starb das einst riesige Geschlecht aus.

Heute findet man in den verschiedenen Gesteinsschichten der Urzeit und des Kambriums die versteinerte, eingerollte Schale des Ammoniten (Ammonshörner).

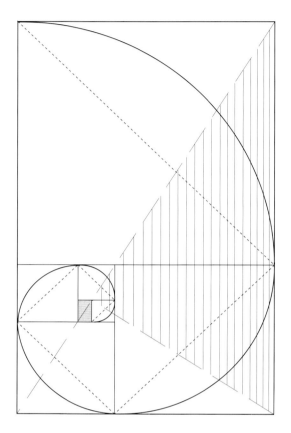

Die Goldene Spirale

Logarithmische Spiralen besitzen besondere Eigenschaften, die sie zu einem wichtigen Bauprinzip der Natur machen. Die Spiralen wachsen mit einem gleichbleibenden Wachstumsfaktor. Dies bedeutet zum Beispiel für den Ammoniten, daß sein Haus sich seinem Wachsen anpassen kann, ohne dabei die Relationen seiner Gestalt zu vernachlässigen.

Die Goldene Spirale nimmt hierbei einen besonderen Status ein, da sie sich mit dem Faktor 0,618 vergrößert. Die Wachstumsabschnitte dieser Spirale können jeweils mit Goldenen Rechtecken umschrieben werden, die um ein Quadrat größer sind als das vorhergehende (siehe auch Seite 29).[10]

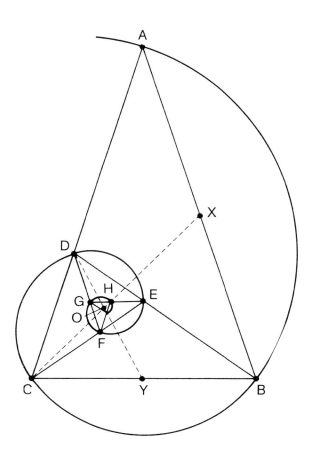

Die spira mirabilis

Die gleichen harmonischen Proportionen des Goldenen Schnittes zeigt uns auch die spira mirabilis. In ihr führt sich jedoch die Stetige Teilung des Goldenen Dreiecks fort (siehe auch Seite 21).[10]

Hummer

Der Hummer (lat.: Homarus vulgaris) ist ein Zehnfußkrebs mit großen Scheren, wird bis zu vier Kilogramm schwer und bis zu 60 cm lang. Man findet ihn hauptsächlich an europäischen, algenbewachsenen Felsküsten.

Er stellt hohe Anforderungen an die Temperaturen in seinem Lebensraum. Bei niedrigen Temperaturen wächst er langsamer, unter 5°C verweigert er die Nahrungsaufnahme und bei 20–22°C geht er zugrunde.

Der Hummer ist ein nachtaktives Tier – er ernährt sich von Muscheln, Würmern, toten Fischen und anderen Kleintieren.

Er wird in großem Umfang befischt, da sein Fleisch sehr geschätzt ist. Die besorgniserregende Verringerung der Bestände hatte die Einführung von Schonvorschriften zur Folge.

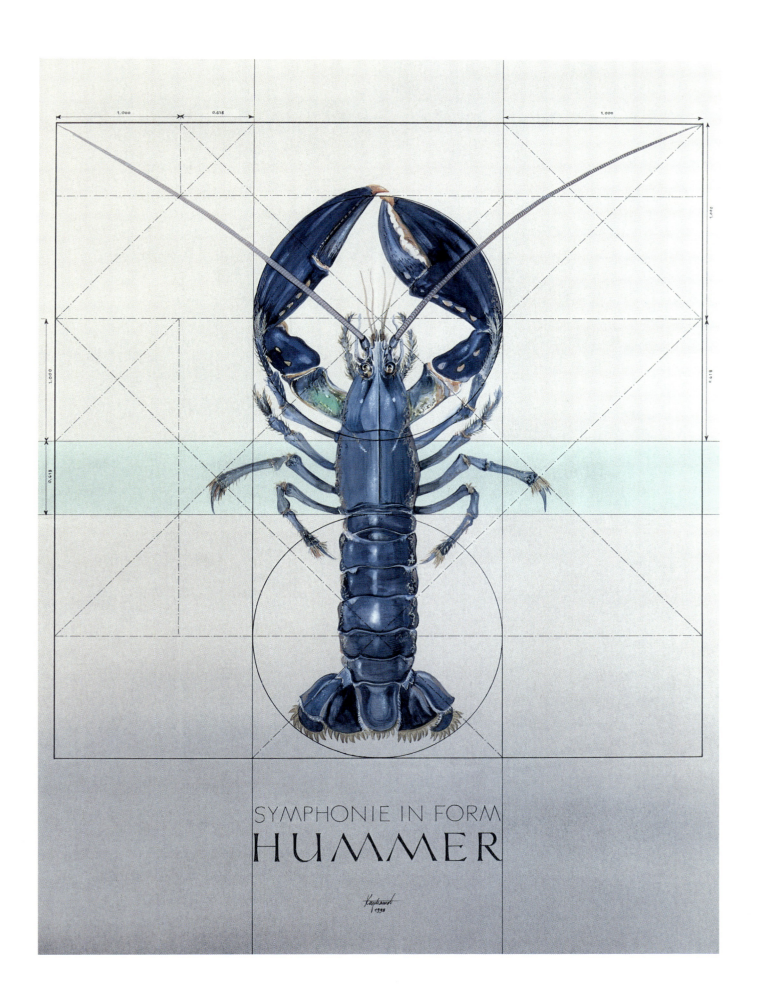

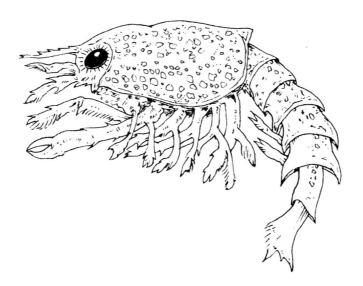

Die Verwandlung

Nach 10–12 Monaten Tragzeit schlüpfen aus den Eiern des Hummers die Larven aus.
Die 7–8cm langen Tiere schwimmen zuerst ungefähr zwei Wochen lang frei im Wasser. Nach mehreren Häutungen gehen sie dann zum Leben am Meeresgrund über.

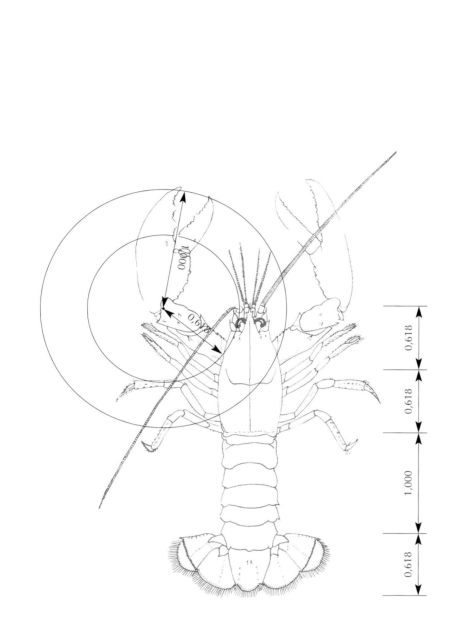

Die harmonische Komposition

Der Körper des Hummers wirkt wie eine schwierige, aber gelungene Komposition. Sein komplizierter vielgliedriger Aufbau findet durch seine Proportionen harmonisch zueinander. Bis in die Details (z.B. Zange) setzt sich der Goldene Schnitt fort.

Gotteslachs oder getupfter Sonnenfisch

Der Gotteslachs (lat.: Lampris guttatus) lebt pelagisch in 100 bis 400 m Tiefe. Er kann bis zu 100 kg schwer und bis zu 1,8 m lang werden. Er besitzt einen hochrückigen Körper, der seitlich stark zusammengedrückt ist. Sein zahnloses kleines Maul kann er weit vorstrecken.

Der Gotteslachs gehört zur Ordnung der Span- und Riemenfische. Er ernährt sich hauptsächlich von Tintenfischen. Das rötliche, lachsähnliche Fleisch ist sehr fettreich.

Der Gotteslachs ist weltweit verbreitet, seine Lebensweise ist fast völlig unbekannt.

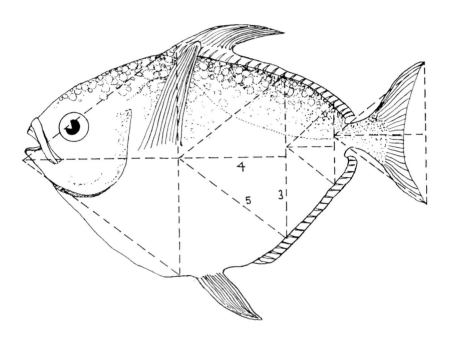

Die Rhythmik des Fischkörpers

Die Gesamtumrißlinien vom Gotteslachs und der Forelle sowie von vielen anderen Fischen entsprechen in den Proportionen dem Goldenen Schnitt.

In den Umriß des Gotteslachses lassen sich, wie bei zahlreichen anderen Fischen auch, eine Reihe von 3:4:5-Dreiecken einbauen. Das Maul liegt dabei genau im goldenen Teilungspunkt der Körperhöhe.

Auch einzelne Körperteile zeigen das Verhältnis des Goldenen Schnittes. Selbst im Querschnitt finden wir diese Proportionen.[5]

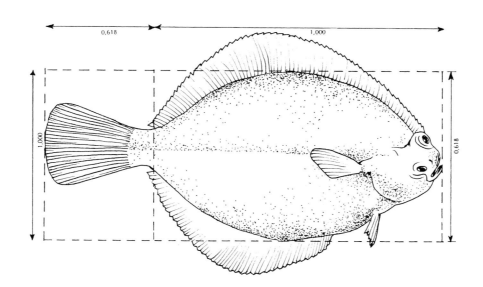

Die Seezunge

Die Seezunge zeigt uns deutlich im Verhältnis ihrer Körperteile zueinander die Proportionen des Goldenen Schnittes. Ihr Umriß läßt sich von zwei Goldenen Rechtecken umschreiben (siehe auch Seite 28).[5]

5. Kapitel

Der Goldene Schnitt in der
KUNST

Der Goldene Schnitt in der Kunst

Die Frage der richtigen Proportionen war schon immer eine der Grundfragen der bildenden Kunst. Sie findet sich in den verschiedensten Werken der Schönen Kunst von der Antike bis zur Neuzeit wieder.

Der Goldene Schnitt, von Euklid schon im 4./3. Jh. v. Chr. als besonders ästhetisches Ordnungsprinzip entdeckt, wurde zum idealen Proportionsverhältnis und fand bewußt oder unbewußt vielfache Anwendung.

In der Renaissance erlebte der Goldene Schnitt seine Blütezeit. Bei Malern dieser Epoche, z.B. Leonardo da Vinci (1452–1519) oder Albrecht Dürer (1471–1528) trat der Goldene Schnitt besonders häufig in Erscheinung.

Anfang des 20. Jahrhunderts, mit der Entstehung der Modernen Kunst, änderte sich schlagartig die Aussage der bildenden Kunst. Wassily Kandinsky, Franz Marc und Piet Mondrian waren die ersten, für die die ästhetische Wirkung nicht mehr alleinbestimmend für den Wert eines Kunstwerkes war. Sie wollten verstärkt neue geistige Inhalte miteinfließen lassen. Seitdem steht die abstrakte Kunst mit ihren provokanten Vätern, wie z.B. Pablo Picasso, Salvador Dalí, Victor Vaserely oder Joseph Beuys oft im Kreuzfeuer der Kritik.

Unter der häufig eingeworfenen Prämisse jedoch, daß Kunst den Zeitgeist widerspiegeln soll, läßt sich in der vorherrschenden gesellschaftlichen Disharmonie die Entwicklung der Modernen Kunst besser reflektieren.

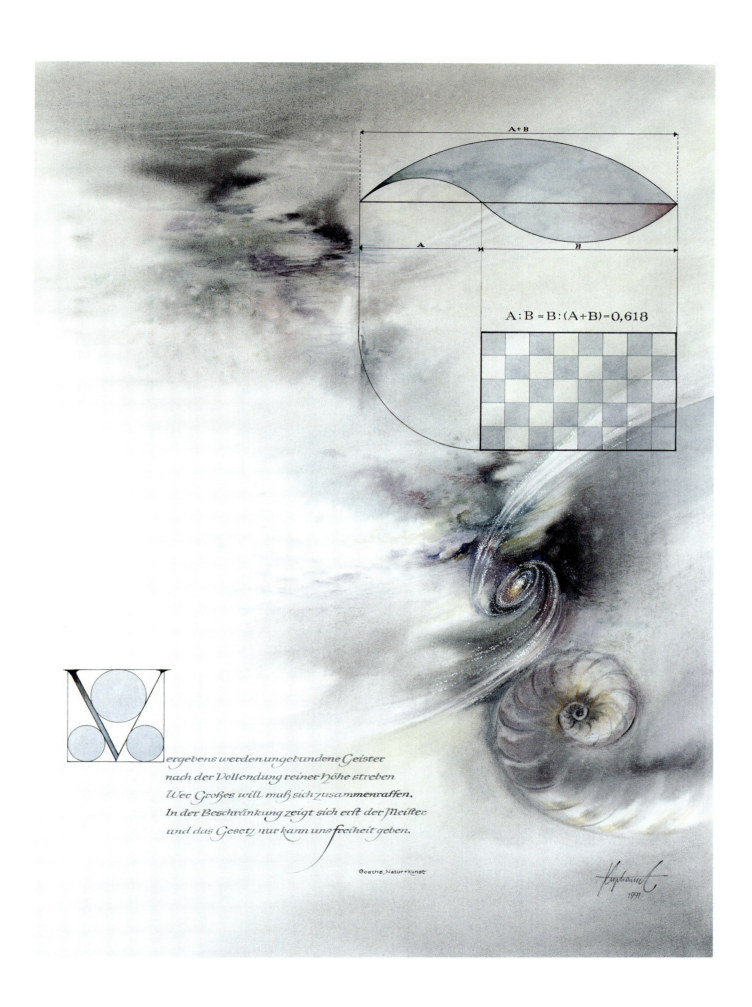

$A : B = B : (A+B) = 0{,}618$

Vergebens werden ungebundene Geister
nach der Vollendung reiner Höhe streben.
Wer Großes will, muß sich zusammenraffen.
In der Beschränkung zeigt sich erst der Meister,
und das Gesetz nur kann uns Freiheit geben.

Goethe, Natur + Kunst

„Der Mensch ist das Maß aller Dinge."

Protagoras, griechischer Philosoph

Lanzenträger des Polyklet

Der griechische Bildhauer Polyklet, der im 5. Jh. v. Chr. lebte, galt als bedeutendster Künstler und Gelehrter seiner Zeit. Polyklet hat für die griechische Kunst dieselbe Rolle gespielt, wie für die italienische Leonardo da Vinci und für die deutsche Albrecht Dürer.

Er war der erste Künstler, der sich mit den Proportionen des menschlichen Körpers befaßte. Er stellte allgemeingültige Gesetze auf, in denen er das Verhältnis der verschiedenen Teile des durchschnittlichen menschlichen Körpers zueinander erforschte. Die Gesetzmäßigkeiten, die er dabei entdeckte, galten nachfolgenden Künstlern lange Zeit als Norm und Regel. Aber er ging sogar noch weiter und ergänzte die harmonischen Proportionen mit der Darstellung eines möglichst wirklichkeitsgetreuen, lebendigen Muskelspiels. Die Ergebnisse seiner Studien faßte er in der Statue des Lanzenträgers und in einem verlorengegangenen Lehrbuch zusammen.

Nach Polyklet gab es immer wieder Kreative, die sich intensiv der Frage der menschlichen Proportionen widmeten. Zu den bekannteren zählen zum Beispiel der römische Baumeister Vitruvius Pollio, die Maler und Bildhauer Leonardo da Vinci und Michelangelo, der Maler Albrecht Dürer und der französische Architekt Le Corbusier.[8]

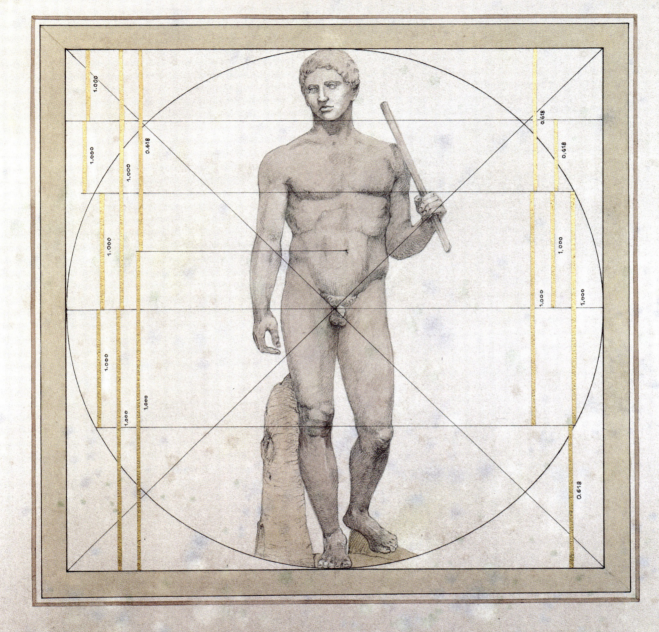

LANZENTRÄGER DES POLYKLET

Kopf der Aphrodite von Knidos (Marmor)

An den Köpfen griechischer Skulpturen kann man besonders deutlich den Goldenen Schnitt feststellen. Die Proportionen zwischen den vertikalen Gesichtsteilen entsprechen den gleichen harmonischen Verhältnissen, die wir in der ganzen Natur entdecken konnten.

Der Kopf schwebt zwischen Natur und Ideal, in der Sphäre, in der die Kunst angesiedelt ist.[8]

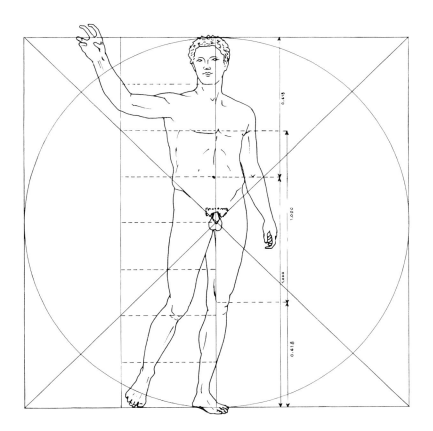

Jüngling von Antikythera

Die überlebensgroße Bronzestatue eines jungen Mannes (um 350–330 v. Chr.) wurde in einem Schiffswrack in der Nähe der Insel Antikythera gefunden. Die Statue wurde Lysipp oder Euphranor zugeschrieben. In der rechten Hand hielt der Jüngling einen Gegenstand, der verlorengegangen ist. War es ein Athlet, ein Ballspieler oder Perseus mit dem Medusenhaupt? Die Frage nach dem fehlenden Gegenstand konnte leider nie geklärt werden.
Die Goldenen Proportionen sind deutlich erkennbar.

*Jeder Teil ist so beschaffen,
daß er mit dem Ganzen
eine Einheit bilden und sich dadurch
von seiner Unvollständigkeit befreien kann.*

Leonardo da Vinci

Die Quadratur des Kreises

Die Proportionsstudie von Leonardo da Vinci scheint ein Geheimnis zu besitzen: Wie der Künstler Klaus Schröer und der Kunsthistoriker Klaus Irle aus Münster jetzt zeigten, läßt sie sich als Lösungsvorschlag zur sogenannten Quadratur des Kreises betrachten.

Stellt man einen zum Quadrat flächengleichen Kreis auf die Mitte der unteren Quadratseite, markieren die Mittelfinger der waagerechten Arme exakt dessen oberseitlichen Schnittpunkte mit dem Quadrat. Aus diesen läßt sich nun der größere Kreis konstruieren, da die Arme eine Kreisbewegung beschreiben. Ein zu diesem flächengleiches Quadrat erhält man, wenn man eine Linie von der unteren Quadratecke durch die Mitte des größeren Kreises (der Bauchnabel) zieht, bis man dessen Bahn erneut schneidet. Die Höhe dieses Punktes zur unteren Quadratseite ist dann die Kantenlänge des neuen, etwas größeren Quadrats. Die geometrische Konstruktion, die von einem zum nächst größeren Paar führt, ist durch die Proportionierung und Bewegung der Figur chiffriert.

Wenn man dieses Verfahren auf ein nicht flächengleiches Startpaar anwendet, an dem resultierenden Paar erneut und so weiter, nähert sich das Flächenverhältnis 0,9991 an. Zur Quadratur ideal ist ein Wert von 1.

K. S., Berlin

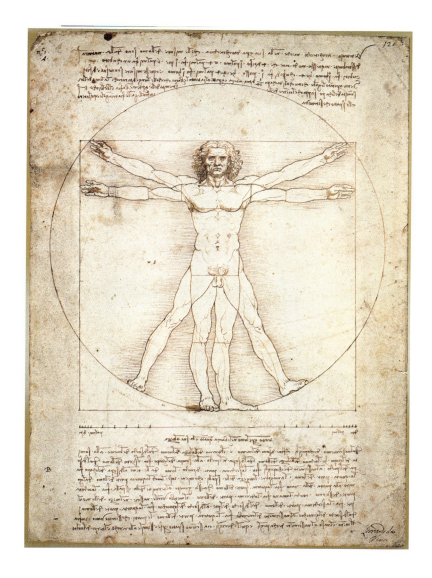

Proportionsstudie nach Vitruv

Vitruvius Pollio, der römische Architekt und Schriftsteller, schrieb (ca. 25 v. Chr.) eines der frühesten Schriftstücke, die sich mit den Proportionen des menschlichen Körpers befaßten. Als die Renaissance das Erbe Griechenlands und Roms für sich entdeckte, stellte Leonardo da Vinci Vitruvs Version dieser Vorstellung graphisch dar.

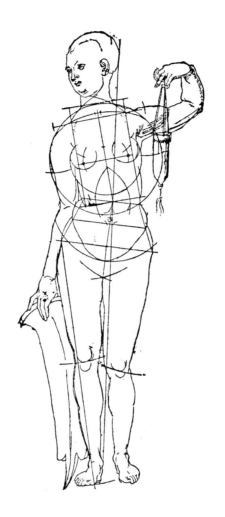

Frauenkörper nach Albrecht Dürer

„Was Schönheit ist, das weiß ich nit", schrieb Albrecht Dürer in sein Tagebuch – erschütterndes Bekenntnis eines Künstlers, der sein ganzes Leben lang um die Gestaltung der Schönheit rang. Mit Hilfe geometrischer Konstruktionszeichnungen versuchte er die Gesetze nachzuvollziehen, welche die Proportionen des menschlichen Körpers bestimmen.

Aber – so erkannte auch er schließlich – Schönheit ist nicht meßbar und nicht definierbar, doch sie kann intuitiv erlebt und gestaltet werden.[4]

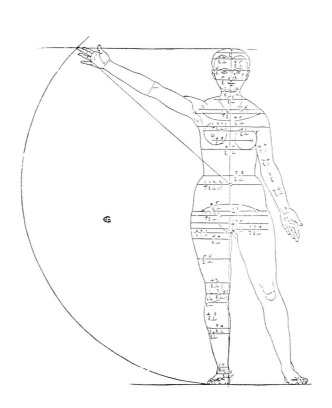

Die konstruierte und proportionierte Figur Dürers 1523

Die Veröffentlichung der Proportionslehre Dürers ist ein Markstein der Kunstliteratur. Dürer war der erste abendländische Künstler, dem es gelang seine Proportionslehre nicht nur schriftlich und bildlich zu systematisieren und niederzulegen, sondern sie auch zu veröffentlichen. Alle vorangegangenen Arbeiten italienischer Künstler waren ungedruckt geblieben, erst Dürer selbst half dem von ihm lebhaft beklagten Mangel an Lehrbüchern ab.

Die Erarbeitung der Proportionslehre hatte für Dürer als künstlerische Fragestellung begonnen und war in der Durchführung zu einem wissenschaftlich fundierten System geworden. Die Publizierung hatte immer unter pädagogischen Vorzeichen gestanden; war der rechte Grund vorhanden, dann war die Kunst der rechten Verhältnisse des menschlichen Körpers auch lehrbar.

Die Entwicklungsgeschichte der Proportionslehre Dürers spiegelt zugleich den Weg der Kunsttheorie vom Ideal zur Typenlehre, von der Einmaligkeit der Schöpfung zur lehrbaren Wiederholbarkeit, von der Renaissance zum Manierismus.

Dürer konzipierte ein Lehrbuch. Er wollte dem angehenden Maler Hilfsmittel und Vorbilder an die Hand geben, um die menschliche Figur im rechten Maß in sein Bild zu bringen.[4]

Wenn ich mich im Zusammenhang des Universums betrachte, was bin ich?

Ludwig van Beethoven

Die Proportionen des Schädels

Am Beispiel des menschlichen Schädels kann man sehr deutlich den Bezug zur Kreisform und zum Goldenen Schnitt erkennen (siehe auch Seite 31).

Die hohe Stirn des Menschen steht mit dem restlichen Schädel im Goldenen Schnitt. Die gleichen harmonischen Verhältnismäßigkeiten bestehen auch zwischen Augenbrauenbogen, Nasenknochen, Kiefer und Kinn.

Die Kopfpartie vom Schädel bis zum Kehlkopf steht wiederum im Goldenen Schnitt zum Oberkörper, der vom Kehlkopf bis zum Bauchnabel reicht. Der Körper eines Menschen von durchschnittlicher Größe beträgt acht Kopflängen.

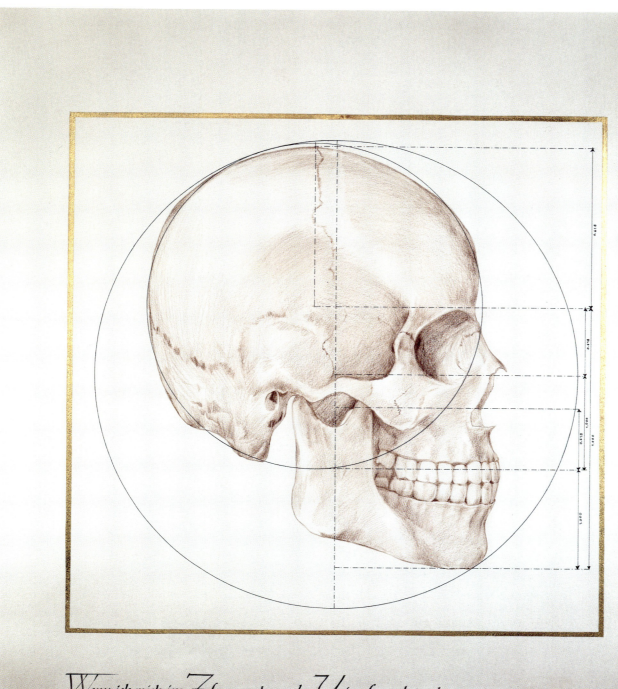

Wenn ich mich im Zusammenhang des Universums betrachte, WAS BIN ICH?
BEETHOVEN

Die Proportionen der Hand

An der Hand des Malers Günther Kaphammel zeigt sich anschaulich, was der Ästhetiker Adolf Zeising schon 1854 in seinen Abhandlungen über die menschlichen Proportionen festgestellt hat.

Er stellte die wohl umfangreichsten Studien zu diesem Thema an. Dabei erkannte er, daß nicht nur die menschlichen Körperteile, sondern auch die Gliedmaßen deutlich die Merkmale des Goldenen Schnittes aufweisen. In diesem Sinne untersuchte Zeising auch die Hand, die aus den Goldenen Proportionen des Armes quasi hervorwächst.

Zunächst einmal fällt die Hand in ihrer Fünfgliedrigkeit auf, die wieder einen Bezug zum Pentagramm herstellt. Auch bemerkte er, daß die Fingerknochen des Handrückens die Hand im Goldenen Schnitt teilen und daß die einzelnen Fingerglieder zueinander in Goldenen Proportionen stehen.

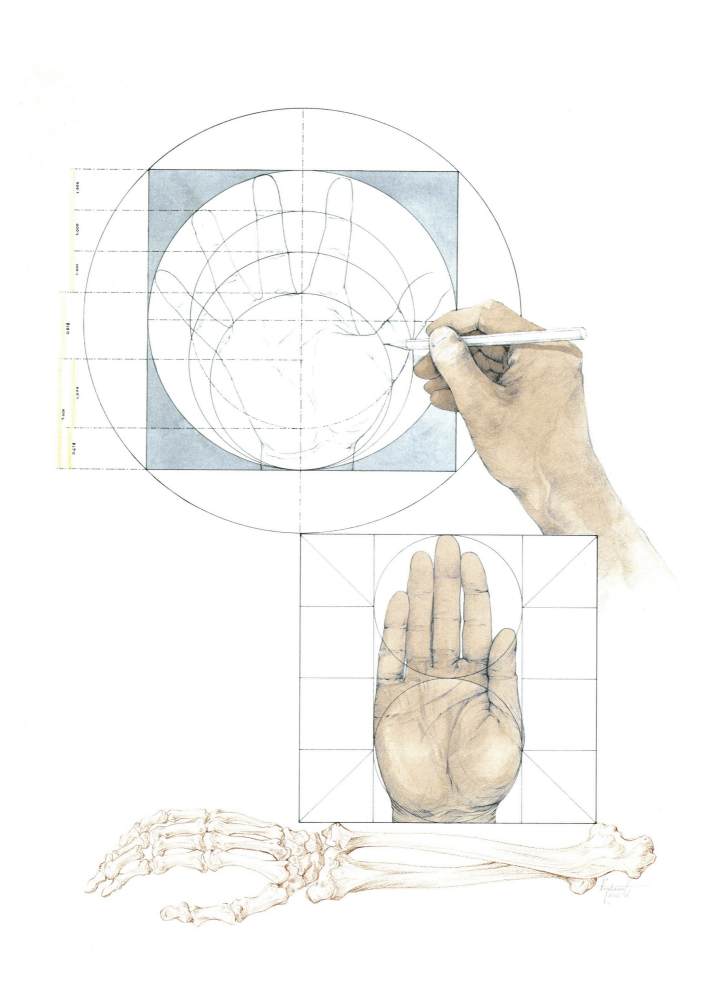

Wär nicht das Auge sonnenhaft,
die Sonne könnt' es nie erblicken;
läg nicht in uns des Gottes eigne Kraft,
wie könnt' uns Göttliches entzücken?

Johann Wolfgang von Goethe

Licht und Finsternis

Harmonie ist die gelungene Verknüpfung von Gegensätzlichem zu einem wohlgefälligen Ganzen. Verschiedene Kräfte verbinden sich zu einer ausgewogenen Einheit, ohne dabei die eigene Identität zu verlieren. Im Umkehrschluß wird Harmonie aber auch nur durch die Existenz von Gegensätzlichem ermöglicht. Diesen Gedanken findet man in der philosophischen Weltanschauung des Dualismus, der besagt, daß die Welt und das Universum nur durch das Wirken zweier gegensätzlicher Kräfte begründet und gestaltet werden können. Diese dualistische Sichtweise findet man bei zahlreichen Völkern, am deutlichsten wird sie aber wohl in der chinesischen Philosophie durch die Kräfte Yin und Yang.

Das Bild „Licht und Finsternis" vereinigt Gegensätzliches gekonnt. Die dunklen Kräfte, die durch ihre schroffen blitzartigen Formen auffallen, finden ihren Ausgleich in den sanften warmen Rot-Gelbtönen. Die Sonne, der im Goldenen Schnitt des Bildes besondere Aufmerksamkeit zuteil wird, macht die harmonische Wirkung vollkommen.

Am Beispiel des Bildes „Licht und Finsternis" wird klar, daß die Werke der abstrakten Kunst durchaus auch dem harmonischen Vorbild der Schönen Kunst folgen können.

Du mein Maler, der du nach größter Fertigkeit Verlangen trägst, mußt verstehen,
daß, wenn du sie nicht auf guter Grundlage des Naturstudiums besitzest,
du sehr viele Werke machen wirst, mit wenig Ehre und noch weniger Gewinn.

Leonardo da Vinci

Werden und Vergehen

Die enge Verquickung der Symmetrie mit den Gesetzmäßigkeiten des Goldenen Schnittes wird wie am Beispiel der Schmetterlinge oder der Akelei immer wieder sehr deutlich.

Das dargestellte Bild der Kastanienblätter, mit seinem klaren 1:2-Verhältnis, zeigt diese Verbindung durch den Bezug zum Quadrat und zur Kreisform.

Die harmonische Ausstrahlung des Bildes wird einerseits durch den gelungenen Ausgleich zwischen der formalisierten Bildaufteilung und der natürlichen Verschiedenheit der Kastanienblätter erreicht.

Andererseits aber wird uns anhand des Bildes der Urbegriff der Schöpfung selbst verdeutlicht. Der scheinbare Gegensatz zwischen dem ständigen Werden und Vergehen hebt sich auf und läßt das Bild in seiner harmonischen Ganzheit wirken. Dabei wird die Triebspitze im Zentrum zu jenem universalen Punkt der Stetigen Teilung, der beständig neues Leben produziert.

Du mein Maler, der du nach größter Fertigkeit Verlangen trägst, mußt verstehen, daß, wenn du sie nicht auf guter Grundlage des Naturstudiums besitzest, du sehr viele Werke machen wirst, mit wenig Ehre und noch weniger Gewinn.

LEONARDO DA VINCI

Man kann überall hinkommen,
man muß es nur wollen.
Ich bin überall gewesen
und in allen Zeiten,
die ich mir vorstellen kann!

Richard Bach/Russel Munson

„Die Möwe Jonathan"

Der Klassiker „Die Möwe Jonathan", den Richard Bach 1970 schrieb, lieferte die Grundidee für dieses Bild.

Das Buch handelt von einer Möwe, die für ihre Selbstverwirklichung ein hartes Außenseitertum auf sich nimmt. Sie gibt sich nicht wie die anderen Möwen mit der Kenntnis der Grundbegriffe des Fliegens zufrieden, sondern beschließt gegen alle Widrigkeiten ihr Leben der Vervollkommnung des Fluges zu widmen. Schon früh sieht die Möwe Jonathan das Fliegen nicht nur als Mittel zum Zweck, sondern versteht den Flug selbst als Kunstform, als Sinn des Lebens. Sie erkennt, daß das wahre Paradies nicht Raum oder Zeit ist – kein Ort –, sondern ein Zustand – der des Strebens nach Vollkommenheit.

Niemals dürfen wir das Lernen aufgeben, müssen unentwegt weiter üben und danach streben, das vollkommene Prinzip allen Lebens zu erfahren. So vermögen wir uns aus unserer Unwissenheit zu erheben, dürfen uns als höhere Wesen von Können und Intelligenz verstehen. Wir werden frei sein!

Richard Bach [11]

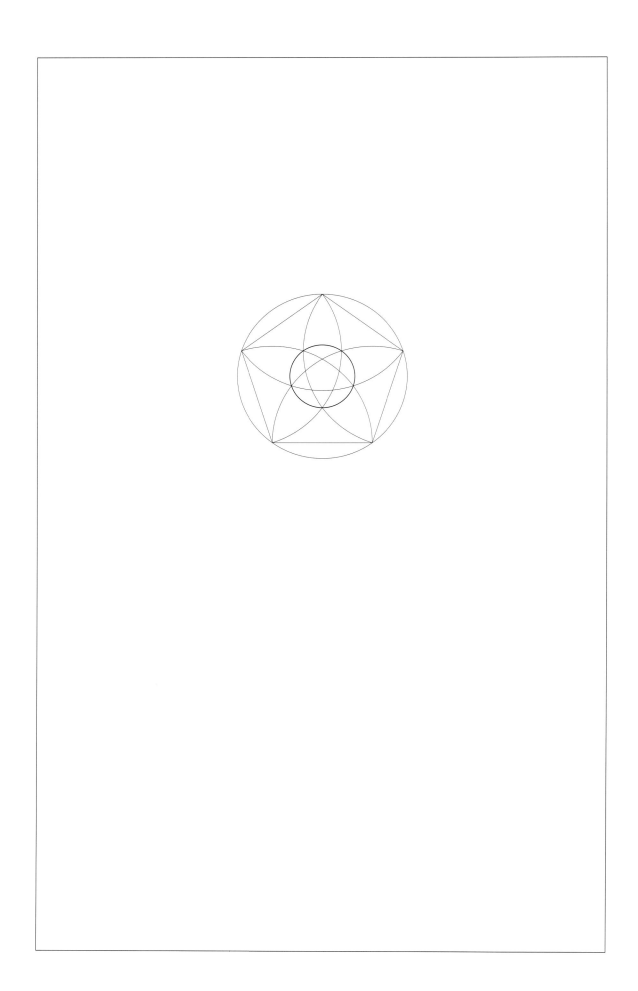

Arbeitsprobe für die Echtvergoldung eines Aquarells mit 23,5 karätigem Blattgold

Nachwort

Joachim Vahrmeyer

Pfarrer in der Katharinenkirche Braunschweig

In den Bildern von Günther Kaphammel lebt der eindringliche Wille zum Schönen. Er versucht, das Schöne der Welt aufzuspüren und zum Erscheinen zu bringen. So ordnet er etwa welkende Kastanienblätter so an, daß sie noch in ihrem Vergehen Schönheit ausstrahlen. Immer wieder finden wir unter seinen Werken Blumenbilder, Blumenarrangements. Es ist so, als wolle der Künstler den Betrachter einfangen, ihm die Augen öffnen für die Schönheit der Blumen, die Schönheit der Farben. Alle Gegenstände, die Günther Kaphammel darstellt, geraten ihm zum Eleganten, zum Schönen. Jeder scheinbar zufällig hingeworfene Schatten dient dem Schönheitsideal des gesamten Bildes.

Selbst wenn er Ungeheuerliches malt, Nacht und Tag, ein Bild, in dem das Abgründige im Gewoge von Licht und Finsternis aufscheint, ist doch das Ganze gehalten in einer Art Gesamtschönheit oder -harmonie. So fällt der Betrachter nicht ins Abgründige, sondern weiß sich zugleich getragen.

Zwei seiner Bilder fallen aus diesem Rahmen. Sie sind abgebildet in dem Buch „Günther Kaphammel, 1944–1994". In ihnen kommt Angst zum Ausdruck. Beide Bilder sind Zeichnungen von 1960. Das eine heißt „Flucht", das andere „Lemminge". Das Bild „Flucht" zeigt Menschen, die vor einem riesigen, sich heranwälzenden Unwetter oder etwas anderem Erdrückenden, das aus dem Hintergrund heranrollt, panisch fliehen. Das andere, „Lemminge", schildert Menschen, die sich an einen Abgrund herandrängen und hinabstürzen – wie von den Lemmingen gesagt wird. Diese Bilder scheinen mir insofern Schlüsselbilder für das Werk Günther Kaphammels zu sein, weil hier der Abgrund sichtbar wird, vor dem der Künstler sich wehrt. Er will ihn nicht herrschen lassen über sich, aber auch nicht über den Betrachter. Ich denke, daß Günther Kaphammel den Abgrund erlebt und erfahren hat. Bilder der Zerstörung Braunschweigs nach dem Krieg geben einen behutsamen Eindruck dessen, was Abgrund heißen kann. Es will mir scheinen, daß diese Bilder den inneren und äußeren Abgrund sehen lassen, vor dem jeder Mensch stehen kann.

Und deshalb ist das Alterswerk des Künstlers Günther Kaphammel programmatisch. Das Schöne, das Wesen des Schönen, ist Thema des vorliegenden Buches. Hier wird mit aller Energie versucht, ein Bollwerk gegen die Abgründe des Lebens, gegen die Nichtigkeit und das Unmenschliche zu schaffen.

Günther Kaphammel sieht in vielen Dingen den uns allen bekannten alten „Goldenen Schnitt" walten. Es ist das wunderbare Verhältnis der Linien und Flächen zueinander, mathematisch und geometrisch ergründet. Schon die alten Pythagoreer hatten diesen sogenannten Goldenen Schnitt herausgefunden. Es ist bekannt, daß er in der griechischen Baukunst, denken wir an das Bild des Parthenons des Perikles, in der römischen Baukunst, aber auch in der Renaissance angewandt wurde.

Und überall in der Kunst ist dieses Prinzip wieder zu entdecken.

Doch nicht nur das. Günther Kaphammels Bilder wollen aufzeigen, daß dieses Prinzip schon bei den Ägyptern im Pyramidenbau verwendet wurde. Er steigert seinen Anspruch und behauptet, daß das Prinzip des Goldenen Schnittes vielfach und in allen Variationen in der Natur wiederzufinden ist. Der Künstler entwickelte eine Art von Besessenheit im Aufspüren des Goldenen Schnittes, weil für ihn darin das Wesen des Schönen begründet liegt.

Wer seine, im wahren Sinn des Wortes, schönen Bilder des Schmetterlings, der Blätter, der Insekten, des Ammoniten oder des blauen Hummers betrachtet, ist fasziniert von der Kundgabe und Einordnung dieser verschiedenen Gestalten der Natur in das Gefüge des Goldenen Schnittes. Der Betrachter wird gleichsam in die, nach Meinung des Künstlers, allem zugrunde liegende Harmonie hineingezogen. Man sehe sich das Bild „Harmonie der Blüten" an. Es vermittelt den Eindruck einer Gesamtharmonie: Die Blüten sind Ausdruck und Teil der Harmonie der Welt. Wer hat nicht schon einmal staunend eine Blüte betrachtet und konnte sich nicht satt sehen an ihrer Schönheit?

Was also Günther Kaphammel auszeichnet, ist, daß er versucht, dem Wesen des Schönen auf den Grund zu kommen. Vielleicht ein überdimensionales Unterfangen, niemals zu erreichen.

Aber was steht dahinter?

Ich beginne mit einem Gedicht von Johann Wolfgang von Goethe:

Wär nicht das Auge sonnenhaft,
die Sonne könnt' es nie erblicken;
läg nicht in uns des Gottes eigne Kraft,
wie könnt' uns Göttliches entzücken?

Goethe spricht hier aus, was wesentlich zum Werk eines Künstlers wie Günther Kaphammel gehört. Es ist die Wechselbeziehung zwischen Objekt und Künstler. Goethe sagt in seinem Gedicht, daß der Mensch die Harmonie in der Natur sieht, gleichsam in ihm selbst angelegt ist. Sonst wäre er unfähig, sie überhaupt zu erkennen. Der Künstler erkennt diese Harmonie in den Gegenständen. Oder besser: Er sieht die Harmonie in den Gegenständen, weil in ihm selbst dieselbe Harmonie wirkt. Sonst läge zwischen Betrachter und Angeschautem eine unendliche Kluft. Es bestünden zwei Welten, die sich nicht begegnen könnten. Im Grunde verbirgt sich hinter diesem Gedanken eine alte von Plato herkommende Vorstellung, das Schöne in der Welt sei ein Abbild der Idee des Schönen. Das Schöne in der Welt ist ein Abbild des Urbildes von Harmonie und Ordnung, Wohlabgemessenheit und weiser Begrenzung. Wer das Schöne sieht, hat gleichsam die Versicherung, teilzuhaben an der Harmonie des Ganzen, des Kosmos. Wer Schönes als Schönes erblicken kann, hat innerlich teil an diesem Schönen, gehört zum Schönen selbst. Alles Schöne ist Teil der Harmonie des Universums. So heißt im Griechischen „Kosmos" eigentlich „Schmuck", weil das harmonische Ganze der Welt in der herrlichen Ordnung des Kosmos zum Ausdruck kommt.

läg nicht in uns des Gottes eigne Kraft,
wie könnt' uns Göttliches entzücken?

Darum dichtet auch Hölderlin: „Das Glänzen der Natur ist höheres Erscheinen". Denn dort, wo die Natur glänzt, das heißt in ihrer Schönheit zu erkennen ist, dort schimmert gleichsam das Göttliche durch die Natur hindurch; wie in dem Märchen von „Schneeweißchen und Rosenrot" durch den rauhen Pelz des garstigen Bären das Königsgewand hindurchschimmert.

Doch Halt! Wie wir wissen, glänzt die Natur nicht immer. Sie ist zugleich auch Chaos und Abgrund. Sie ist auch Verderben und Schlamm, Virus und Krebs. Diese Seite der Natur haben wir alle in uns. Es gibt Menschen, die die Natur überhaupt nur noch so sehen können. Und wer an sich selbst diese Abgründe der Natur erfahren hat, der weiß, daß diese Ansicht nicht verwerflich ist. Denn sie ist Geschick und oft genug Verhängnis. Um so mehr aber ist es zu würdigen, wenn die Natur trotz alledem glänzen kann und dieser Glanz aufgenommen wird und spiegelhaft im Kunstwerk widerscheint. Wenn Günther Kaphammel das Glänzen der Natur und die Harmonie des Ganzen aufspüren will, den Goldenen Schnitt als Schlüssel dazusieht, dann will er diese Abgründe nicht leugnen. Sondern er will, wie oben gesagt, eine Art Bollwerk schaffen gegen sie, eine Art tröstendes Bild. Dieses tröstende Bild soll uns versichern, daß trotz aller Schrecklichkeiten der Welt das Ganze in einer Harmonie gehalten wird. Biblisch gesprochen wäre hier das Bild von den Händen Gottes geboten, die uns tragen. So sind die Werke Günther Kaphammels gleichsam Predigten des Trostes in unserer oft dunklen Welt. Seine Bilder sind als das zu verstehen, was Jean Paul einmal geschrieben hat: „Schönheit ist das Versprechen von Glück."

So findet der Künstler Günther Kaphammel im Goldenen Schnitt eine Art Schlüssel, der ihm versichert: Wir alle sind von einer Harmonie getragen, gehalten und in ihr geborgen. Mir kommt es so vor, als wäre der Künstler der Meinung, mit dem Auffinden des Goldenen Schnittes das Walten Gottes in der Welt aufgespürt zu haben:

Schläft ein Lied in allen Dingen,
Die da träumen fort und fort;
Und die Welt hebt an zu singen,
Triffst du nur das Zauberwort.

Joseph von Eichendorff

Natürlich kann man diese Sicht kritisieren. Manche werden sie vielleicht als naiv abtun. An der Kritik ist insofern etwas Wahres, als es, wie längst logisch begründet, keine Gottesbeweise geben kann. Darum ist immer der Einwand möglich, daß diese sogenannte Harmonie in die Natur und die Welt hineingesehen wird, das heißt: Wir betrügen uns mit dem Ausmalen unserer eigenen Wünsche und Sehnsüchte selbst und verschleiern die eigentliche Wahrheit in ihrer Härte. Es ist auch nicht von der Hand zu weisen, daß die Häßlichkeiten der

Welt all unsere Harmoniebestrebungen zerbrechen können. Jeder Schmerz, der uns zentral trifft, kann unsere schöne Welt zerplatzen lassen wie eine Seifenblase. Der unausweichliche Tod von allem was lebt, ist die stete Erinnerung an diese Wahrheit.

Aber umgekehrt ist zu fragen, warum trotz aller Schrecklichkeiten dieser Welt, die niemand leugnen will, die Sehnsucht nach Harmonie nicht erlischt; warum die Hoffnung nicht stirbt, daß ein im Ganzen Sinnvolles waltet, und nicht nur Sinnlosigkeit, Narrheit und Chaos herrscht. Die Propheten des Nichts und des Chaos können nicht erklären, warum es immer neu das Ringen um Schönheit gibt; um eine Schönheit, die in sich zweckmäßig, aber doch ohne Zweck sein will. Schönheit ist „interesseloses Wohlgefallen", ohne Zweckbestimmung, wie es Kant formulierte. Die Propheten der Sinnlosigkeit können auch nicht erklären, warum es das Ringen um das Gute im Menschen gibt, das Ringen um den wahren Menschen.

Zu diesem Problem dichtete einmal Gottfried Benn im Alter:

> *Ich habe mich oft gefragt*
> *Und keine Antwort gefunden,*
> *Woher das Sanfte und das Gute kommt,*
> *Weiß es auch heute nicht*
> *Und muß nun gehen.*

Gerade Gottfried Benn, der durch alle Abgründe des Nichts gegangen ist und sie in seiner Dichtung festhielt, kommt am Ende seines Lebens zu dieser Frage zurück. So kann das Bemühen Günther Kaphammels, das Wesen des Schönen zu ergründen und darzustellen, als Versuch und Programm verstanden werden, das Schöne festzuhalten und als Botschaft an uns zu senden, damit wir durch seine Bilder getröstet und zum Guten gestärkt werden.

Noch ein Letztes: Der Theologe und Philosoph Friedrich Schleiermacher hat am Ende des 18. Jahrhunderts in seinen Vorträgen über die Religion geschrieben: „Religion ist Sinn und Geschmack fürs Unendliche." Wenn die Bilder Günther Kaphammels es schaffen, uns die Erkenntnis zu geben, daß unsere Welt und unser kleines Leben zwischen Geburt und Tod nicht das Ganze sind, wir also durch sie Sinn und Geschmack fürs Unendliche gewinnen, dann hat sich das Ringen des Künstlers um das Schöne gelohnt. Darum sind seine Bilder es wert, immer neu und auch in kommender Zeit angeschaut zu werden. Denn sie halten das Schöne fest. Sie lassen klarwerden, daß kein Zweck der Welt unser Leben erfassen, kein von Menschen erdachter und entdeckter Sinn unser Leben ganz umreißen kann. Es ist mehr als alles Begreifbare. Darum offenbart sich das Göttliche im Schönen, wie es Hölderlin einmal über Sokrates gedichtet hat:

Wer das Tiefste gedacht, liebt das Lebendigste.
Hohe Tugend versteht, wer in die Welt geblickt.
Und es neigen die Weisen
Oft am Ende zu Schönem sich.

Joachim Vahrmeyer

Über den Maler

GÜNTHER KAPHAMMEL

*Den Angelpunkt zu finden,
der unser sittliches Wesen
mit der allumfassenden Ordnung,
der zentralen Harmonie vereint,
das ist in Wahrheit das höchste, menschliche Ziel.*

Konfuzius

Günther Kaphammel

wurde 1926 in der Lutherstadt Wittenberg geboren. Mit zwölf Jahren hatte er seine erste Ausstellung mit Ölbildern. Er beendete die Schule 1943 mit dem sogenannten „Vorsemestervermerk" und überlebte zwei Kriegsjahre als Soldat. 1945 begann er eine Lehre als Dekorationsmaler. An ein Studium war in dieser Zeit nicht zu denken.

1948 verließ er die von den Sowjets besetzte Heimatstadt und ging nach Braunschweig. Hier besuchte er die damalige Kunstgewerbeschule. 1953 absolvierte er seine Meisterprüfung als Schriftenmaler. Der Liebe zur Aquarellmalerei hatte er sich schon früh zugewandt und durch zahlreiche Ausstellungen auf sich aufmerksam gemacht. Auch restaurierte er einige Kirchen. Seit 1956 ist er Mitglied im Bund Bildender Künstler. 1968 machte sich Günther Kaphammel endgültig als Kunstmaler selbständig; Erfolge im In- und Ausland bestätigen diesen wichtigen Schritt.

In dem malerischen Hohenlohe (Baden-Württemberg) hat Kaphammel sich 1973 neben einer alten Stauferburg-Anlage ein Atelierhaus gebaut und hält sich wechselseitig in diesem und in dem in Braunschweig auf.

Ausstellungen

1938 Wittenberg, erste Ausstellung bei Farben-Thiele

1956 Braunschweig, Galerie Fahrig

1976 Braunschweig, Norddeutsche Landesbank

1979 Bad Mergentheim, Kurhaus

1979 Amlishagen, Gemeindehaus

1979 Heidelberg, Galerie Vogel

1979 Braunschweig, Galerie Jaeschke

1980 Hannover, Galerie am Kröpcke

1980 Schwäbisch Hall, Volksbank

1980 Braunschweig, Klosterkirche Riddagshausen

1981 Ulm, Kornhaus

1981 Wolfenbüttel-Börßum, Volksbank

1981 Baden-Baden, Brenner's Park-Hotel

1982 Baden-Baden, Brenner's Park-Hotel

1983 Braunschweig, Städtisches Museum

1983 Ulm, Kornhaus

1983 Baden-Baden, Brenner's Park-Hotel

1983 Hannover, Galerie am Kröpcke

1984 Kronach, Städtische Galerie Rathaus

1985 Göppingen, Galerie Frenzel

1985 Wenningstedt/Sylt, Galerie Wolters

1986 Braunschweig, Atrium-Hotel

1986 Oberstdorf, Galerie Monte

1986 Amlishagen, Gemeindehaus

1987 Göttingen, Galerie Nottbohm

1987 Nürnberg, Galerie Döring

1988 Baden-Baden, Brenner's Park-Hotel

1988 Braunschweig, Galerie Malerwinkel

1991 Kirchheim-Teck, Volksbank

1992 Baden-Baden, Brenner's Park-Hotel

1992 Hannover, Galerie am Kröpcke

1994 Frankreich, Les Carroz, Galerie Montmartre

1994 Braunschweig, Torhaus Botanischer Garten

1996 Braunschweig, Städtisches Museum

1997 Baden-Baden, Brenner's Park-Hotel

Seit 1956 Beteiligung an zahlreichen Gruppenausstellungen im
In- und Ausland.

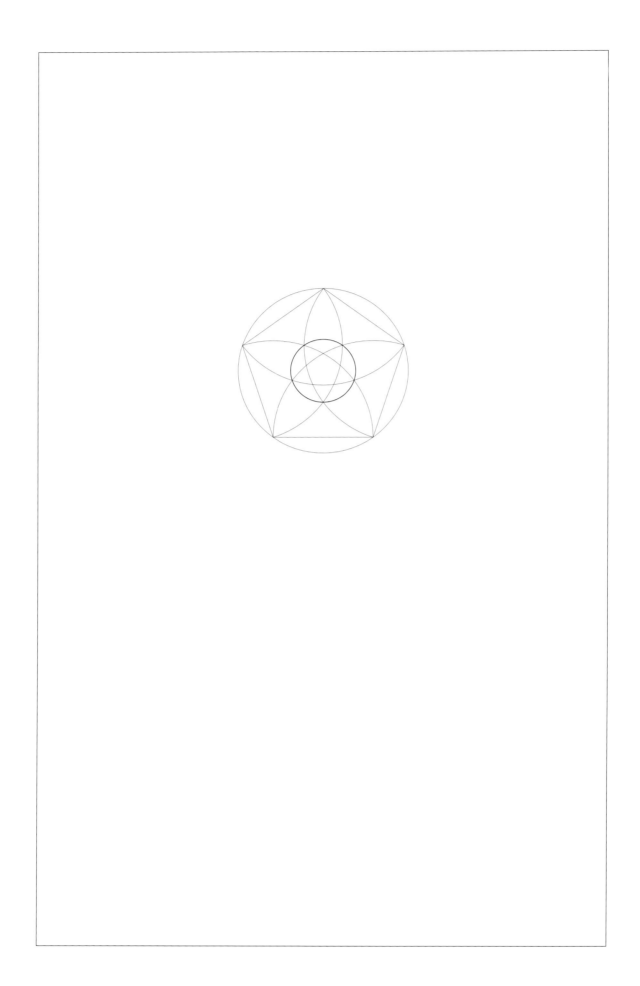

Literaturnachweis

1. Baustilfibel
   Kürth, Herbert und Kutschmar, Aribert
   Volk und Wissen Volkseigener Verlag Berlin, 1969

2. Die Meisterwerke, Band 1
   Bruhns, Leo
   Verlag E.A. Seemann Köln, 1954

3. Das Pentagramm und der Goldene Schnitt als Schöpfungsprinzip
   Bühler, Walther
   Verlag Freies Geistesleben Stuttgart, 1996

4. Katalog
   Albrecht Dürer-Ausstellung
   Germanisches Nationalmuseum, 1979

5. Die Kraft der Grenzen
   Doczi, György
   Dianus-Trikont Buchverlag München, 1985

6. Geschichte der Kunst
   Paul Neff-Verlag Berlin, 1906

7. Kunst im Bild der Jahrtausende
   Hofstätter, Hans H.
   Holle Verlag Baden-Baden, 1966

8. Weg zur Kunst
   Stahl, Fritz
   Rudolf Mosse Bücherverlag Berlin, 1927

9. Fortschritt durch Harmonie
   Brauers, Jan
   Baden-Badener Verlag, 1996

10. Der Goldene Schnitt
    Beutelspacher, Albrecht und Petri, Bernhard
    Spektrum Akademischer Verlag, 1996

11. Die Möwe Jonathan
    Bach, Richard und Munson, Russel
    Verlag Ullstein, 1972

12. Blumenfibel
    Prof. Dr. Reimers
    F.A. Herbig Verlagsbuchhandlung, 1956

Danken möchte ich in diesem Buch

Klaus Baeske, Botanischer Garten, Braunschweig,

Miriam und Wolfgang Günnel, R&S Neue Medien GmbH, Meinersen,

Günter Hoppenbrink, Braunschweig, für das Korrekturlesen,

Sven Krüger, Braunschweig, für die technischen Zeichnungen und das Layout,

Joachim Vahrmeyer, Braunschweig, für das Nachwort,

Beate Wiedemann, Braunschweig, die mir mit dem Redigieren der Manuskripte unermüdlich zur Seite stand,

und nicht zuletzt meiner Frau Karin, die sehr viel Geduld bei der Erstellung des Buches mit mir aufbringen mußte.

Die Original-Aquarelle sind 70 x 52 cm groß.

Die Bilder der Seiten 67, 69, 91, 113 und 125
befinden sich im Besitz
des Museums Jan Brauers „Museum der Harmonie",
Lichtentaler Allee 28, 76530 Baden-Baden.

Einige Bilder befinden sich in Privatbesitz.

Korinthisches Kapitell
Hochwertiger Giclée-Druck auf Somerset-Papier 300g,
Bildformat 46 x 62 cm, Papierformat 56 x 76 cm,
auf 75 Exemplare limitiert und handsigniert.

Stiefmütterchen
Hochwertiger Giclée-Druck auf Somerset-Papier 300g,
Bildformat 46 x 62 cm, Papierformat 56 x 76 cm,
auf 75 Exemplare limitiert und handsigniert.

Ginkgo
Hochwertiger Giclée-Druck auf Somerset-Papier 300g,
Bildformat 46 x 62 cm, Papierformat 56 x 76 cm,
auf 75 Exemplare limitiert und handsigniert.

Harmonie der Schmetterlinge
Hochwertiger Giclée-Druck auf Somerset-Papier 300g,
Bildformat 46 x 62 cm, Papierformat 56 x 76 cm,
auf 75 Exemplare limitiert und handsigniert.

Zu beziehen ist dieses Buch und die oben aufgeführten Graphiken über:
Galerie Thomas Kaphammel · Ziegenmarkt 4 A · 38100 Braunschweig
Telefon (05 31) 4 09 47 · Telefax (05 31) 1 52 61 · www.kaphammel.de

Morpho violacea
Hochwertiger Giclée-Druck auf Somerset-Papier 300g,
Bildformat 46 x 62 cm, Papierformat 56 x 76 cm,
auf 75 Exemplare limitiert und handsigniert.

Papilio machaon
Hochwertiger Giclée-Druck auf Somerset-Papier 300g,
Bildformat 46 x 62 cm, Papierformat 56 x 76 cm,
auf 75 Exemplare limitiert und handsigniert.

Ammonit
Hochwertiger Giclée-Druck auf Somerset-Papier 300g,
Bildformat 46 x 62 cm, Papierformat 56 x 76 cm,
auf 75 Exemplare limitiert und handsigniert.

Hummer
Hochwertiger Giclée-Druck auf Somerset-Papier 300g,
Bildformat 46 x 62 cm, Papierformat 56 x 76 cm,
auf 75 Exemplare limitiert und handsigniert.

Zu beziehen ist dieses Buch und die oben aufgeführten Graphiken über:
Galerie Thomas Kaphammel · Ziegenmarkt 4 A · 38100 Braunschweig
Telefon (05 31) 4 09 47 · Telefax (05 31) 1 52 61 · www.kaphammel.de

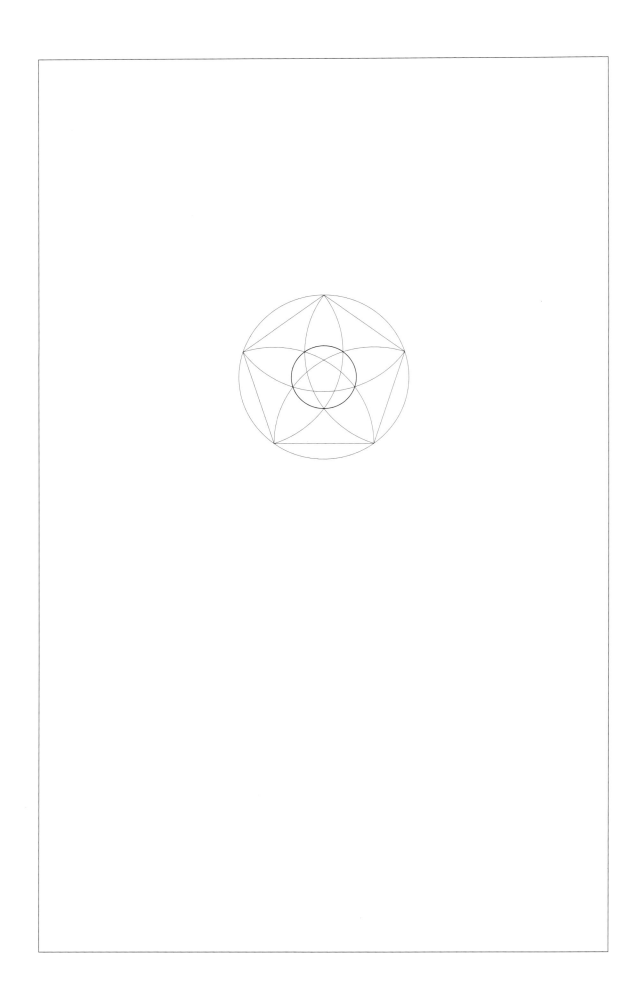

Impressum

Titel
Der Goldene Schnitt
Harmonische Proportionen

Verfasser
Günther Kaphammel

Konzept und Gestaltung
Günther Kaphammel

Digitale Reproarbeiten
R&S Neue Medien GmbH, Meinersen

Druck
Ruth Printmedien GmbH, Braunschweig

Buchbinderei
Büge, Celle

Fotos
Sascha Gramann, Braunschweig

Das Werk einschließlich aller seiner Teile ist urheberrechtlich geschützt. Jede Verwertung außerhalb der engen Grenzen des Urheberrechtsgesetzes ist ohne Zustimmung des Verfassers unzulässig und strafbar. Das gilt insbesondere für Vervielfältigungen, Übersetzungen, Mikroverfilmungen und die Einspeicherung und Verarbeitung in elektronischen Systemen sowie jegliche Art von Datenträgern.